品

一位侍酒師的蜂蜜追尋 HONEY

Sommelier's Pursuit of Golden Nectar

蜜

從神話傳說、蜜蜂生態到蜂蜜文化、品蜜之道

劉永智 Jason LIU ——— 著

Tout commencait à la
rue de Lièpvre

Grand merci à JF, Jean, Leon et DCC.

目錄

一日，於架上取出達利畫冊閒閒翻著，從沒注意到這幅畫的標題竟是〈蜂舞石榴造夢〉（Dream caused by the flight of a Bee around a pomegranate），與學院藝術評析不同，我，一個嗜蜜患者，倒是有另一種夢的解析。從聖經〈士師記〉（章節14：5-9）參孫大力士的故事可知，蜜是生之源的象徵。畫中下，此蜂飛進達利畫裡，以其蜂針螫中番石榴（象徵雄蜂交尾後授精），促動了夢境的發生；畫左中，番石榴熟裂，隱喻多產的石榴果粒灑落，生命發源；海中魚鮮、地上霸王的猛虎雙雙躍出，如蜂的虎衣批在猛獸而，呼吼出長槍螫針，射向女體如雄蜂螫石榴，授孕，生之循環於焉完成。背景，懼怕象鼻被蜂群佔據為窩的大白象，見虎蜂肆虐，悄然遠走高飛。

嗜蜜以來，轉眼 20 年。當初對蜜的好奇心，始於 1990 年代赴法國東部阿爾薩斯地區讀書時，在史特拉斯堡的星期六農產市上集發現一寶：這蜂蜜褐亮稠滑、帶有松脂馨香以及焦糖尾韻，然而市集擺攤的養蜂人卻說是「迷也拉」（miellat）。這甜蜜的品試讓我墜入五里霧裡，當下直回：「啥，迷也拉！？」

後來才知這蜜與眾不同，是蜜蜂採取松、衫類樹上，由蚜蟲所分泌的甜汁，攜回蜂巢再釀製而成，正式稱法為「甘露蜜」（法文 miellat；英文 honeydew）。這時才恍然意識到：蜜中世界，大千精采！

2005 年轉換職場跑道，想提筆寫寫東西，思慮游走間，人正在巴黎郊區一處舊貨書攤東翻西揀，不意給我搜到一冊出版於 1903 年的《養蜂大全》（Cours Complet d'Apiculture），是巴黎索邦大學教授所著的養蜂教科書，扉頁泛黃的線裝，書體脆弱。因當時攝影術還不發達，裡頭盡是手工版畫的教材圖示，畫裡的養蜂人腳上穿戴的還是笨重的木刻厚鞋，全然 19 世紀鄉村樣態，翻頁發思古幽情之餘，覺得有必要為台灣讀者寫本蜂蜜書籍。

望眼書市，只有夏日蜂蜜調飲、蜂蜜食譜一類的小書，然而讀後總覺有「知其然，不知所以然」的遺憾，不然就是養蜂手冊之類的艱深技術書籍，或是只強調蜂產品養生療效的健康叢書（多譯自日文）；但一本深入淺出的蜂蜜總論書籍則付之闕如，蜂蜜的文化面呢？實際的品嘗與判別技巧呢？蜜蜂如何造蜜？其它相關的衍生蜂產品呢？養蜂人的傳承呢？蜜源植物的多彩萬狀呢？

早期與一知名大出版集團的編輯相談後，她顯得興趣缺缺，只望我將「蜜米油鹽醬醋茶」調和撮合，一股腦全寫進一本書裡；但基於對蜜蜂、蜂蜜的喜愛與認知，筆者無法認同草草將這樣豐富的主題給寫掉便罷。幸而，當初有一草創出版社的鄭副總編輯願給機會，於是有《覓蜜》一書的出現，且因受讀者歡迎、搶買造成書籍絕版多時。

又十年過去，為了進一步識蜂懂蜜，筆者訪了不少地方，品嚐更多蜂蜜，甚至還去苗栗農改場上過養蜂班課程，遂有更多心得可與讀者分享「蜜中祕」，希望舊雨新知讀者們都能藉此新增修訂版與我一起成長，成為真正的「識蜜者」。

劉永智 *Jason LIU* 筆

讀者不妨加入作者所主持的「Mielmanne 米爾曼恩」臉書專頁，以獲取蜜蜂和蜂蜜的最新相關資訊，有疑問也不妨到臉書提問，作者將親自回覆。

追尋，不只是為了美味！

———— 韓良憶 ／作家暨〈良憶的人文食堂〉節目主持人

乍聞劉永智寫成《品蜜》，我這個嗜美食佳釀也愛閱讀的饞人兼酒徒，有些許訝異，可仔細一想，這事也並不奇怪。

一如葡萄酒，已被人類採集至少八千年的蜂蜜，不但是歷史悠久的古文明產物，也是需要發酵的魔法才能製造的美好滋味。再者，蜂蜜和葡萄酒一樣，和風土大有關聯，這使得蜜和葡萄酒的世界皆繽紛多彩，嗜者需經過一番學習，方可練就品蜜和品酒的訣竅。

這樣說來，劉永智在寫了《頂級酒莊傳奇》和《頂級酒莊傳奇2》這兩本內容紮實、探討層面既深又廣的酒書後，會推出《品蜜》，該算是自然而然的事了。

從他之前兩本重量級葡萄酒著作便可看出，擁有法國須日拉盧斯葡萄酒大學顧問侍酒師文憑的劉永智，從來不僅只滿足於擁有各種技術性的專業知識，佳釀當中蘊含的人文情懷和葡萄酒的文化，更令他念茲在茲。

《品蜜》亦然，正如同劉永智自述，他嗜蜜不只是由於美味，蜂蜜背後龐大的神話、文化、道德、宗教、政治和寓言意涵，更令他著迷，於是他開始追尋蜂蜜的種種，並將這多年來的心得寫成了書。劉永智想來是抱著強烈的企圖心來著述，而我必須恭喜他完成了目標。

這本《品蜜》再度證明，飲食從來不只是口腹之欲而已，飲食寫作亦絕非小技小道，劉永智不但書寫蜜之味，也爬梳與蜂蜜相關的歷史和文化、神話與寓言，讀者如我，在拜讀劉永智的著作後，或得以從單純嗜蜜之饞人，成為識蜜的「知食份子」。

蜂蜜，開啟我甜蜜人生另一頁！

———— 蘇曉音 ／美食記者

我從小就愛吃，但是和一般女孩不同，唯獨對「甜食」不太感興趣，當同年齡的玩伴沈迷於布丁、仙草蜜、雞蛋糕等的同時，我通常已經鑽進廚房找阿嬤要鹹食，解解我的嘴饞，那個年代就算只是剛炸好的豬油渣沾點醬油，我也覺得好好味。開始接受蜂蜜，是我在飯店工作的那段日子，在一個品酒會裡認識了劉永智，從他口中聽到的蜂蜜，讓我很想立刻買來品嚐，但是聽他講得口沫橫飛，仔細研究我才發現他講的蜜，大部份當時的台灣都買不到，但是想要嘗試的種籽，已經在我心中種下了。

過了好幾年，我已經換了跑道，進入美食記者圈混了好幾年，意外地在一個農產銷售會買到了「水筆仔蜜」，除了品種少見外，整罐裡有一半結晶的蜂蜜，吸引了我的注意，跟喜愛甜食的好友分享，我們拿起奶油抹刀直接抹在麵包上吃，我才驚覺這蜂蜜雖有甜味，但是卻不會膩，居然還帶點草香味，震撼了我的味蕾，也讓我打破對蜂蜜的刻板印象，也讓我愛上蜂蜜的甜美。

後來，因為採訪的關係，我和工作夥伴一起跟著兩百多箱的蜜蜂，一起到高雄大樹採荔枝蜜，現場直擊才發現，這些蜂農真的是看天吃飯，為了採蜜每年春季花開時，都是帶著自家蜜蜂「逐花蜜而居」，從南到北，一趟下來大約是 2 到 3 個月的遊牧生活，而且蜂農間必須互相幫忙，這種原始的第一級農業，簡單卻樸實的互動，讓我感動不已。

能有這樣獨特的採訪經驗，也是因為和作者聊天時獲得的靈感，沒想到多年後居然實現了！和他一起聊蜂蜜（當然也會聊葡萄酒），改變了我對蜂蜜只有甜蜜蜜的看法，我慢慢地發現每款蜂蜜，其實都有它獨特的風味，就像葡萄酒世界裡講的「Terroir（風土條件）」是一樣的，每個地區都有它的特色。看著書本裡，作者為了把蜂蜜搞懂，不但全台走透透，還跑去了法國、紐西蘭、尼泊爾、中國，甚至到了中越邊境找到獵蜜人小李，他的行動力絕對是我學習的榜樣，看著他字裡行間對蜂蜜的熱情，著實令人感動。

去年七月，我在他的臉書粉絲頁「Mielmanne 米爾曼思」裡看到在湖北神農架岩壁上的懸棺蜂箱，畫面震撼了我，我才發現自己對蜜蜂世界的了解不夠多，那個夏天我還品嚐了，在台北市台鐵宿舍陽台採收的蜂蜜，這是全新的「城市養蜂」議題，突然間我覺得自己懂得太少。還好，經過了十年，劉永智仍然願意再寫《品蜜》，從蜜蜂的一生、分工，到蜂蜜的產地、種類等，都一一詳述，我個人最喜歡的部份是，他連跟蜜蜂有關的電影都作出分析，讓人拍案叫絕。

PART 1

起源與傳奇

紐西蘭南島基督城附近的蜂場。

■■■ 第一章　蜂蜜的起源

Le nectar descend en vous,　　天之美露下臨予您
Fermez un instant les yeux,　　輕闔雙眼　飲之
Vous voila de l'autre cote de la vie.　　睜眼　已立於生命另一光彩彼岸

每當法國已歿作家菲德列克‧達德（Frédéric Dard）啜飲甜酒王者伊肯酒莊（Chateau d'Yquem）時，不禁感動於這瓊液：「那，我可飲而後快的暖陽！」在剎那的彼岸，他寫下三行珠璣般的詩句。然而，戴奧尼索斯（Dionysos）被尊為「葡萄酒神」之前，便已是「蜂蜜酒之神」，奧林帕斯山眾神也最愛此味，而這蜜酒仙飲之源，便是「仙露」（Nectar），也即是淌落人間、包藏花心的「花蜜」，經由蜜蜂再將其醞釀為「蜂蜜」。

創世之源——蜂蜜

蜂蜜既被古人認為是上天賜福所降，行善才有的天糧，便隱含「天良」的道德教訓。法國結構主義大師、人類學家克勞德‧李維斯托（Claude Lévi-Strauss，1908-2009）在《從蜂蜜到煙灰》（Du miel aux cendres）一書中描述，南美巴拉圭河流域的卡都維歐民族（Caduveo）的創世紀神話裡，有一名喚「卡爾卡拉」（Calcara）的神鷹，見人類只消彎腰垂手揀取地上的葫蘆盛器，便有滿滿蜂蜜可食，便狀告造物主構‧諾耶諾‧歐帝（Go-noeno-hodi）說：「萬萬不可如此，應將蜂蜜藏入樹穴裡頭，讓人類奮力挖掘取蜜求生，絕不可使其不勞而獲，否則這些懶東西永不工作！」也因此，人類從勞動中創造了文明。

筆者嗜蜜不單因其味美，而是目眩於其背後的龐大意涵：神話的、文化的、道德的、宗教的、政治的、寓言的……；根據研究，蜂兒平均訪花 1,500 朵才成就 1 公克的蜂蜜，當您含下一匙蜜時，是否也越過這狀似簡約的甜美，瞧見其曲徑通幽裡層疊的「意指」——即「蜜蜂」、「蜂蜜」這兩個「意符」所能夠「意有所指」的部分。因為各文化情狀裡各有詮釋，不管是否真指向了「真實」，但其所隨之展現的「鑽石切面」（詮釋角度）著實繁華似錦，眩人眼目。

《中國時報》曾於 2006 年 5 月刊登一則發自法新社的外電〈養蜂人的抗議秀〉，內容是南韓著名養蜂人安相圭為抗議日本挑釁南韓對「獨島」的主權伸張，在首爾市民公園表演獨樹一格的抗議活動。他將象徵獨島面積（18 萬 7453 平方公尺）的 18 萬 7 千多隻蜜蜂傾滿全身，並將日本國旗平鋪在地，然後自一高台縱下，剎那重力讓無可計數的蜜蜂落滿太陽旗；受到突來驚嚇，蜜蜂也將毒螫刺向養蜂人，二百多處的蜂螫讓安相圭痛得落淚，但發動攻擊的工蜂也將因螫針脫落而亡。養蜂人道：「蜜蜂捨命抵禦外侮，就如大韓人民奮起護衛獨島主權！」蜜蜂意涵廣大，從古至今，流轉演譯而生生不息。

本書不僅處理蜜蜂生態與蜂蜜品嘗，也要探究其在歷史文化下所留存的年輪脈絡，讓食蜜者明瞭其「文化生產履歷」之餘，或許也對前述韓國養蜂人的「蜂狂行徑」會心一笑。

蜜糖之戰

《神農本草經》指出，蜂蜜「入心、脾、肺、胃、大腸五經，為甘和滑潤之品。能治心腹刺痛，和營衛、潤臟腑、通三焦、調脾胃、除心煩，皆蜜之功用也。」又曰：「心腹邪氣、諸驚症，安五臟諸不足，止痛解毒，除眾病，和百藥，久服強志輕身，不飢不老，延年神仙。」

東西方將蜂蜜引入藥方，歷史久矣——中藥以其黏合藥丸，西醫則以之調製藥用糖漿。儘管蜂蜜能潤澤臟腑、止飢輕身，但自從前幾世紀蔗糖興盛流行取代蜂蜜之後，又因蔗糖價格逐漸平民化，其相對廉價已將蜂蜜打入冷宮，真讓人喟嘆這具長遠歷史的蜜食之衰隕。

於我看來，晶潔亮白的蔗糖只有技術上的純熟，而無風味上的原始純粹，也無風土地域之別，只是過於精鍊的工業產物。當然，有人要論說蔗糖還有未過度加工脫色的紅、黑、黃等色澤糖種可供選擇。然而，畢竟來源均是甘蔗，風味顏色較之蜂蜜的大千，簡直是小巫罷了。此外，若是明瞭「一花一蜜」的可能性，以及「盛花期」前後所採得的蜜色澤、味道均不相同，便可藉眼前的蜂蜜縮影，來照見其中之精采。

紐西蘭早期的金屬蜜罐。

堅果樹的寓言

據說愛因斯坦曾道：「若是地球上的所有蜜蜂瞬間消失，那麼人類再活也不過四年光陰。」其道理顯而易見——若無蜜蜂對植物授粉繁衍，那麼世上絕大多數植物將要滅亡，而其上層生物鏈環節將被徹底摧毀，人類的末日也將可預見。

國家地理頻道《奇樹異獸》節目製作小組深入祕魯亞馬遜雨林心臟地帶，研究一棵逾5百歲樹齡的巴西堅果樹周遭的生態學。他們發現巴西堅果樹只能靠當地一特殊蜂種來進行授粉，而該蜂種的雄蜂又需飛鑽入雨林裡的一種蘭花裡，以沾染蘭花香氛作為吸引蜂后交配的手段；然而，雨林日漸被人為開發破壞，此類蘭花日漸消失，連帶該蜂種交配率隨之降低。無交配、無後代、無堅果樹授粉，使得雨林中最大的植物走向滅亡之路。

初初離心搖出的蜂蜜可能帶雜質，需經初級過濾。

堅果小宇宙的消逝牽連雨林面積的縮減，人類與其它物種命運堪慮，也應証了愛因斯坦的擔憂。

吃火鍋常見的茼蒿菜也受
蜜蜂喜愛。

復古陶瓶蜂蜜酒相當受歡
迎，成為蜜月酒首選。

養蜂的世代斷層與新希望

　　由於養蜂業經濟規模小，不受政府重視，蜂蜜銷售量也常受制於自然天候，加以工作辛勞，臺灣的養蜂業已是夕陽產業（目前約有蜂農 800 戶，常是夫妻檔小農形式經營），大半年輕人不願接手，甚至養蜂的父執輩還勸其子孫轉業，等而上之者轉型成為行銷管理階層或蜂蜜批發商；有些批發商雖飼有少數蜂箱，但也僅是用來營造專職養蜂人的形象，以助其批發轉售的主業。然而如此一來，蜂蜜商家或將轉而以泰國進口蜜取代臺灣土產蜜，台產蜜將日漸難尋。其實這並非單一現象，歐美以及澳洲等國也是如此，面對中國蜂蜜大舉入侵，各國蜂農也憂心自危。

　　養蜂前輩說，真正的養蜂人的食指和姆指常因轉動蜂框檢查而長出厚厚的繭皮。然而，不畏雙手生繭的年輕一輩哪兒去了呢？無論如何，現時景況下，培養愛蜜、懂蜜的消費群，或許才是健全「生產」、「消費」兩端的藥石良方。所幸近年來藉由新興社交媒體之便，筆者觀察到臉書上的「養蜂社團」有愈設愈多的趨勢，也吸引更多年輕人投入「業餘養蜂」和「城市養蜂」行列。夕陽之後，晨輝漸漸映入眼簾。

　　在猶太人傳統下，父親每晚都會抱著幼兒坐於膝上，並在木雕的「希伯來文字母板」上塗抹澄黃蜂蜜，當嬰孩指字並舔食沾指蜂蜜時，父親便一邊教導如何發音習字。愛蜜要從小開始，食蜜兼學而時習之，不亦樂乎！

蜂巢原蜜

　　一般市面所買的蜂蜜，皆是經由搖蜜機離心搖出，再加以罐裝的產品，但有些國外生產者也推出直接取自蜂巢的「巢蜜」（或稱「蜂巢蜜」），由於未經任何人為處理（離心萃取、加熱濃縮或高溫瞬間殺菌等），其天然風味完整封存於巢蜜中，是品嘗蜂蜜的極選，營養價值也最優；不過因為成本較高，運送上需更加小心，且因蜜蜂需要花費大量精力重新泌蠟築巢，進而削減蜂蜜產量，多方考量之下，只有少數蜂農產製（目前臺灣也有零星蜂農推出）。紐西蘭是巢蜜生產的大宗，年出口量約達 250 公噸。既然無法離心搖出巢蜜以「花粉測試」來檢定其蜜源，一般多以「百花蜜」待之，但產自澳洲塔斯馬尼亞島的單一蜜源「皮革木蜂巢蜜」已經引起國際饕客的追逐。臺灣部分

蜂農將小塊贅脾蜂巢泡入蜜中，以提升真品形象，然而蜜既已搖出，此蜜品的真假或是否經過人為處理，並無法光憑目測判斷，因而這類商品不宜被稱為「蜂巢蜜」。

從數字看蜜蜂

◇ 美國 80% 的果蔬及作物授粉是由蜜蜂完成。

◇ 蜜蜂有 5 隻眼睛，除頭兩側的大複眼，頭頂還有排成三角形的 3 隻小單眼。

◇ 根據推測，蜜蜂釀蜜已經有 15,000 年歷史。

◇ 蜂后是一巢中形體最大者，日可產卵近 3,000 顆。

◇ 西元 1637 年，理查德‧雷姆（Richard Remnant）發現工蜂都是雌性。

◇ 西元 1638 年，歐洲人將「歐洲蜜蜂」導入美洲，印地安原住民以「白人蒼蠅」稱之。

◇ 西元 1838 年，蜜蜂成為摩門教的標誌。

◇ 釀製 1 公斤蜂蜜，蜜蜂需訪花約 150 萬朵。

◇ 工蜂平均一生可釀製 1/2 茶匙的蜂蜜。

◇ 2 茶匙蜂蜜，可供 1 隻蜜蜂足夠能量繞行地球一圈。

◇ 每趟出巢採蜜，工蜂會訪花約 50 至 100 朵。

◇ 飛行時，蜜蜂每分鐘可以振翅 1 萬次。

◇ 臺灣有 40 多種農作物需仰賴蜜蜂授粉。

◇ 一箱蜜蜂（約 3 萬隻）的授粉效率可抵上 400 名工人。

修院養蜂人

因著專業之便，筆者在拜訪法國波爾多甜酒名莊內哈克堡酒莊（Château Nairac）時，得知莊主塔瑞‧艾特（Tari-Heeter）女士也是嗜蜜之徒；愛酒嗜蜜，我倆有談不完的話題。就在夕陽斜掠，景物醉人之下，莊主帶我到「兩海之間」（Entre-deux-Mers）白酒產區參訪布西修院（Monastère du Broussy）。修院主堂穆肅祥和，未料出側門拐個彎另有一桃花源，花木扶疏，篩落一地金光，樹下散置十個蜂箱，一名養蜂人正在工忙。原來，此行是要我見識「修院養蜂人」。修士不用抗生素治蜂病，順其天理而行，蜜質沁甜芳雅，喫來似可撫順內心煩躁。修士見我對蜜蜂有些研究，便贈我與莊主這原本只產來自用的野花蜜各一罐，我倆歡天喜地地收下這買不到的甜蜜。後來在巴黎聖母院旁發現一獨特「修院手工製品店」（Produits des Monastère），專售修士、修女虔製手工商品，如蜂蠟蠟燭、蜂蜜、果醬、植物精油、花茶以及手工餅乾等，一切遵循古法而製。店家氣氛寧靜閒適，難得購物舒坦如此，值得讀者一探。

■■■ 第二章　蜂蜜的傳奇與寓言

> 「這就是蜂膠！它有安適燒烙傷口的功能，及舒緩數種疼痛的特性。不過，據
> 說義大利傳奇弦樂器師史特拉底瓦里（Stradivari）所製的提琴得以產生最和諧
> 的共鳴，正是多虧他把蜂膠塗抹在提琴上。」
>
> 「那麼，」對於一種既可以用在提琴上，又可以用在傷口上的產品，寶琳娜顯
> 得十分驚訝地說，「它用來癒合靈魂的創傷，也會像癒合身體的傷口那樣，有
> 著相同的功效嗎？」
>
> 「是的。總之，它會帶來奇蹟！」

法國小說《養蜂人》（L'Apiculteur）藉著養蜂人與其女友的對話，輾轉寓意人與蜜蜂、人與蜂蜜，及其所衍生的史實、神話與傳奇的可能對話，在歷史長流裡絮絮叨叨，從古至今。

　　人類在野外發現蜂蜜並加以食用，至少有上萬年歷史，中國也在 3,000 多年前的殷商甲骨文裡首次出現「蜜」字記載，證實彼時炎黃子孫已經開始食蜜。以「蜜」的字源來分析，上有寶蓋，中有必字，下有蟲字，表明古時富有人家簷下必有蜂兒築巢，所產甜蜜也是日常必備良品。

蜜蹤的初始

　　1924 年，西班牙人類學家赫南德茲—帕契柯（Hernández-Pacheco）跋涉溪流，穿越林脈，登崎嶇石坡，發現一藏身石壁洞窟。他點著火炬往洞口頂處看去，有黑色燻煙附著，因此斷定曾有人穴居於此；再往深處探去，燃火映壁，突現一幅炭黑圖樣，描畫一人以藤攀岩，獵取岩壁高處之野巢蜜，野蜂四處奔飛。他採集碳粉樣本作光譜儀分析，發現這位處西班牙東部瓦倫西亞自治區比科爾普（Bicorp）鎮裡的岩穴炭筆畫，是 8,000 年前史前人類遺跡。由此可知，人類取蜜、食蜜距今已有萬年歷史。

　　除了上述史跡，被譽為「文藝復興藝術之瑰寶」的義大利畫家柯西摩（Piero di Cosimo）依據古羅馬詩人的頌讚，認為酒神巴庫斯（Bacchus）是蜂蜜的發現者，並於 1510 年畫就〈蜂蜜之發現〉（The Discovery of Honey）。畫中有長著羊腳的半人半獸薩弟兒（Satyre），大隊人馬歡飲酩酊行至樹下，竟攀爬樹端以鐵柜與木棍敲擊作響，想要震嚇懸掛樹枝右端的蜜蜂飛逃，好趁機劫取蜂蜜。畫中右端金髮半裸，以燦紅絲袍遮住下半身的便是酒神，其旁則依偎著妻子阿麗阿德涅（Ariadne）；下邊則有牧神潘恩（Pan）坐地，自囊袋取出一串洋蔥以治蜂螫。左上是文明城廓，酒神的居所；右上是荒蕪山崖，為牧神以及半人獸們的來處。

據中國昆蟲學家周堯（1912 ～ 2008）考據，圖中殷墟甲骨文上的七個字可能就是「蜂」，如果此說成立，則中國養蜂史可追溯到 3,000 年以前。

藉此蜂蜜的發現，酒神傳授釀製蜜酒的奧秘，後世人們則以利巴蜂蜜薄餅（Liba）敬神。自此人們借酒而狂喜忘憂，而癲狂亂性。酒神巴庫斯的希臘文版本名字是戴奧尼索斯（Dionysos），有瘸腿之意，但當中更深的寓意則是歡飲之後的迷狂顛倒、步履蹣跚。

獵蜜到牧蜂的演化

不論是西班牙瓦倫西亞的岩穴壁畫，或是柯西摩的〈蜂蜜之發現〉油畫，描繪的都是人類在野外隨機採取野蜜的景況，但後來從狩獵到農牧，人類也從「獵蜜」到「牧蜂」，從獵蜜人變成養蜂人。養蜂人所在多有，但獵蜜人就僅見於較原始的部落，此傳承數千年來幾乎一如野蜂飛竄四散了。目前，尼泊爾的深山水澗旁，仍可見到如同 8,000 年前西班牙壁畫的攀岩獵蜜場景——古隆族人（Gurung Tribe）遵循傳統如昔，依舊宰羊祭天，誦經敬神，並由一村之長擇日集體趕蜂獵蜜，而後與村民分食，或出售以換得錢財，挹注村里經費。然而，此情此景又將延續多久？

唐朝詩人顧況著有古詩《採蠟一章》，生動描述採蜂蜜與蜂蠟者，以紗罩身，以藤繫腰，為謀營生而冒險攀爬荒岩，採蠟製燭，以供富人華堂燃燭觀賞歌舞所需之情狀：

> 「採蠟，怨奢也。荒岩之間，有以縰蒙其身，腰藤造險，及有群蜂肆毒，哀呼不應，則上舍藤而下沈壑。采采者蠟，于泉谷兮。煌煌中堂，烈華燭兮。新歌善舞，弦柱促兮。荒岩之人，自取其毒兮。」

後來養蜂技巧成熟，上述捨命採蜜的情形便大幅減少了。人類最早養蜂紀錄要算是古埃及人，在公元前 2,400 年的古墓壁畫上可尋到跡證，而中國最早的養蜂紀錄，則出自西晉文學家皇甫謐所著《高士傳·姜岐》，該傳曰：「（姜岐）以畜蜂、豕為事，教授者滿天下，營業者三百餘人，民從而居之者數千家。」可見其時養蜂業便已相當盛行。

元清養蜂寶典

◆ **元《郁離子》（劉基）**
元代劉基《郁離子》〈靈丘丈人〉一篇記載：「夏不烈日，冬不凝澌，飄風吹而不搖，淋雨沃而不潰。其取蜜也，分其贏而已矣，不竭其力也。於是故者安，新者息，丈人不出戶而收其利。」說明善養蜂的靈丘丈人照顧蜂兒無微不至，使其安居以樂於造蜜，不強取蜂蜜，使雙方均能獲利。

◆ **清《蜂衙小記》（郝懿行）**
清人郝懿行著有《蜂衙小記》十五則，包括〈識君臣〉、〈坐衙〉、〈分族〉、〈課蜜〉、〈試花〉、〈割蜜〉、〈相陰陽〉、〈知天時〉、〈擇地利〉、〈惡螫人〉、〈祝子〉、〈逐婦〉、〈野蜂〉、〈草蜂〉以及〈雜蜂〉，全書約 1,700 字。它從辨識蜂王及工蜂一直論及不同蜂類，文風簡明精要，成為當時養蜂人奉為圭臬的寶典。

以聖人安布羅斯形象為本的麥稈人形蜂窩。

蜜蜂之神話象徵

據宋人陶穀《清異錄‧蟲》所記:「溫庭筠嘗得一句云:『蜜官金翼使』。遍干知識,無人可屬。久之,自聯其下曰:『花賊玉腰奴』。」晚唐詩人溫庭筠稱蜜蜂為「蜜官」,甚至讚其為「金翼使」;卻自對下聯,稱擁有細堪盈握小蠻腰的蝴蝶為「花賊」,僅是「玉腰奴」之流,由於個人偏愛,立判蜂蝶之高下。

在許多宗教裡,蜂蜜一直是真誠無偽的象徵,因為「原蜜」不需經過任何人為處理,自然純美。愛戀中的甜言蜜語或許不可盡信,但蜂蜜本身卻是貞潔無暇。此外,希伯來文的蜜蜂一字為「dbure」,其字源是「dbr」,為「字辭」之意,意即上帝指定蜜蜂為傳達其真理、話語給人們的信使,此與溫庭筠的金翼使巧妙呼應。甚且,全歐陸的傳說裡都有哲人、詩人吐露「真理蜜語」的說法,包括大哲柏拉圖、古希臘詩人品達爾(Pindar)以及聖人安布羅斯(Saint Ambroise),都是代表人物。

聖人安布羅斯生於西元 340 年,曾擔任米蘭主教,同時也是著名作家與詩人。傳說中,一日當幼嬰安布羅斯正沉睡於搖籃之中,突來一大陣蜂群停歇其唇上,須臾蓋滿整個臉頰,進而千百蜂兒鑽進體內,轉眼又群集鑽出,倏地飛上青天,渺無蹤影。安布羅斯的父親見狀說:「這小子如得以存活,將來必是了不得的人物!」

香水名廠嬌蘭的「帝王香水」也有皇室金蜂標誌。

柯西摩的〈蜂蜜之發現〉(The Discovery of Honey)。

自發繁衍的迷思

所有關於蜜蜂的傳奇裡，要屬無中生有的「自發繁衍」（Spontaneous Generation）特性最費人疑猜。在歐洲一份寫於七世紀的養蜂手則裡，還說明蜜蜂為無性生殖的生物，無法在自然情況下繁衍，蜂的存在（Bee-ing）有如幻術一般發生。此無性迷思又轉移至養蜂的一些禁忌上，如採蜜前一日養蜂人不能有情慾肉體關係。直至今日，美國偏遠地區的養蜂人依舊恪守不渝。

這種自我創造的迷思可追溯至聖經中提及一群蜂自獅子屍身蜂湧而起，而自發繁衍的神蹟說起。聖經《舊約・士師記》：「參孫跟他父母下亭拿去，到了亭拿的葡萄園，見有一隻少壯獅子向他吼叫。耶和華的靈大大感動參孫，他雖然手無器械，卻將獅子撕裂，如同撕裂山羔羊一樣。他行這事並沒有告訴父母。參孫下去與女子說話，就喜悅她；過了些日子，再下去要娶那女子，轉向道旁要看死獅，見有一群蜂子和蜜在死獅之內，就用手取蜜，且吃且走；到了父母那裡，給他父母，他們也吃了；只是沒有告訴這蜜是從死獅之內取來的。」時至今日，英國金獅糖漿（Lyle's Golden Syrup）的商標主題就是「獅屍生蜂」。

人類最早的養蜂紀錄出現在埃及，已將近 4,500 年歷史。

古羅馬詩人維吉爾（Virgil）在其《農事詩》（Georgics）第四冊裡也提到他的造蜂版本，只不過他將死獅換成閹牛，且須將閹牛輾成碎肉，並加上迷迭香、百里香與碎木屑讓其在烈日下發酵。此物一經發酵，夏日午後便會生發出嗡嗡巨鳴，蜂影鋪天蓋地，藍天也要黑了一角。

純潔的信使

蜜蜂被上帝選為神聖純潔的信使，因此所有不潔均不應與其牽連，性事當屬頭項。但要是當時的人們知道蜂王實為「女王蜂」，且每次「婚飛」均與數隻求歡的雄蜂交尾，或許蜜蜂只會被視為「嗜性荒淫採花賊」？當然，蜂后的工蜂女兒們的確一生兢兢業業、無性、簡食、鞠躬盡瘁，一如修道院獻身天職的修女，然而蜂兒的信仰中心卻與聖母瑪利亞所差甚遠，蜂后的最大職責便是「性事旦旦」，與無性生殖的聖母南轅北轍。

希伯來文的蜜蜂一詞也帶有「字辭」之意，意指上帝指定蜜蜂為傳達真理、話語給人們的信使。

聖經《出埃及記》記載：「要將你們從埃及的困苦中領出來，

蜂螫小愛神右腳銅像；法國雕塑家尚安東馬希‧伊德‧哈（Jean-Antoine-Marie Idrac），法國里爾美術博物館藏。

往迦南人、赫人、亞摩利人、利比洗人、希未人、耶布斯人的地去，就是到流奶與蜜之地。」如同每人心中都有一座斷背山，每遇現實困阻，各人心中也都有流奶與蜜之地。

幾百年前，當歐洲人遷徙至人間最後一塊淨土的紐西蘭，也將其稱為「流奶與蜜之地」（The Land of Milk and Honey）。2006年初的訪蜂之旅，筆者也在紐國基督城覓著我的奶蜜之地——舔食「奶蜜漿果霜淇淋」，滋味馨甜沁心，迦南美地不過如此吧！在這家名叫「Milk & Honey」的霜淇淋店裡，女大學生說她的英國父母即是在當時為尋求心中「蜜奶潺潺靜流之地」的香格里拉，在此落葉歸根開起此店。

蜂螫小愛神

法國文藝復興時期詩人洪薩（Ronsard）寫了一首長詩《愛神‧盜蜜賊》（L'Amour Voleur de Miel）敘說小愛神丘彼特慘遭蜂螫的故事。大意是說丘彼特欲採盛綻繁花，未料竟遭蜂叮姆指，便展翅飛到賽浦路斯島向母親愛神維納斯訴苦，並把腫脹的手指展示給母親看。母親一邊向丘彼特手指吹氣消痛，一邊笑說：「是被美惠三女神的紡針刺傷了嗎？」「不是，是春暖花開裡，那會飛的小蛇。」「唉，不是的，村裡人都叫牠們蜜蜂，我的小丘彼特。」接著維納斯又說：「如果一隻小蟲都讓你如此受苦，那麼那些被你射中心坎的人，他們的傷痛又該多巨大呢！」畢竟，當小愛神的飛箭只射向一方，其心痛的確難以估量。

無獨有偶，印度教神話也有愛神之箭的傳說。大神毗濕奴（Vishnu）的肚臍長出一株蓮莖，蓮莖上開著花，花上坐著創造神梵天（Brahma），自此有了天地。為了使天地生出萬物與人類，愛神伽摩（Kama）以數以萬計的蜜蜂製成弓弦，將愛射向四面八方，使得新世界降臨許許多多的新生兒。其中，這「蜜蜂之弦」便代表了豐饒與生殖力。此外，蜂蜜之甜、蜂螫之痛也隱喻了「甜蜜與痛楚」的共生，如母親產子便是現世一例。

皇徽金蜜蜂

除了上帝、天神之傳奇與蜂相關，人間帝王拿破崙也以蜂為皇徽，期許其下軍民服從、勤勞、有組織、嚴紀律。法國畫家大衛（Jacques-Louis David）所繪的〈拿破崙為約瑟芬加冕為后〉，描

繪西元 1804 年 12 月在聖母院舉行的加冕禮——拿破崙與皇后都身著金絲紅袍，場面莊嚴肅穆；紅袍及皇后膝下的藍絨跪枕則遍繡金亮蜜蜂，以言帝王之志，以顯帝王之尊。

法國太陽王路易十四為了不讓威尼斯的玻璃工業專美於前，曾命其宰相柯爾貝（Jean-Baptiste Colbert）設立「Saint Gobain」玻璃品製廠。該廠除了大型製品，也研發玻璃纖維，好製作十八世紀流行的假髮，而這項技藝也在稍後成就了拿破崙皇袍上的耀眼金蜜蜂，較之價昂的金銀織錦，這些玻璃纖維絲織就的蜂徽毫不遜色，絲光細膩絢麗，呈現帝王本色。

法國 Total 加油站製作的紀念幣。

不過，盛衰榮枯在 1814 年 4 月 20 日再度輪轉，拿破崙戰敗，並於楓丹白露宮與追隨身旁 20 多年的將士舉行告別儀式。在發表了長篇的告別演說之後，他含淚親吻戰跡斑斑的軍旗，並擁抱派提將軍（Général Petit），在哽咽與「皇帝萬歲」的喊聲中，戰敗帝王乘上馬車緩緩駛向他被放逐的地中海厄爾巴島（L'île d'Elbe）。這「告別楓丹白露」一景，成為凍結的時光，凝鍊在畫家蒙福（Montfort）的畫布上，至今仍懸掛在楓丹白露宮裡。

回溯上世紀 60 年代，法國的 Total 加油站時興製作紀念幣贈送加油客，其中一枚的正反面恰恰見證拿破崙的榮光與喪志。一面「黃金蜜蜂」，一面「告別楓丹白露」，究竟說明了拿破崙功過的「正」抑或是「反」，世人自有定論。不過，對法國人來說，那件有蜂徽的金絲紅袍，依舊榮光奪目。

〈拿破崙為約瑟芬加冕為后〉，巴黎羅浮宮。

象鼻蜂窩

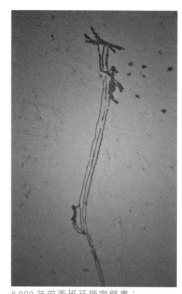

早在天地初開，人與蜂、蜜交流之前，物種之間的愛憎已演化了許多精采傳奇典故，以下這則泰國寓言，說明了象鼻之所以碩長、煙燻趕蜂取蜜的由來。

古時象鼻不如今日之長，蜜蜂也不在空樹幹裡築巢，而是建蜂窩於露天的樹枝之下。一年大旱，枯渴的大地寸草不生，大象也無足夠的綠葉進食，遑論有新鮮花蜜與花粉足供蜜蜂採擷。終於熱旱揚點火苗，引起森林大火。但象腿短笨，不敵星火燎原之勢，煙火瀰漫中象群嚎叫救命，蜂群於是答應指引象群到安全之地，條件是讓蜂群鑽進象鼻躲避煙燻之苦。於是在蜜蜂坐鎮指揮下，蜂群、象群逃至一處湖泊邊，象躍入水中躲至煙火俱息，逃過火劫。既然災禍已過，該是活動覓食的時候，不料蜂群在陰濕黑黝的象鼻裡住得快活，竟開始築起蜂巢，死賴不走。大象氣急敗壞咆哮不已，只好使盡洪荒之力大大吸氣吐氣，想驅走這群不速之客。幾個時辰過

8,000 年前西班牙獵蜜壁畫；
法國蜂蜜博物館仿繪。

去，蜂兒依舊頑強，死命攀在象鼻裡，未料這短鼻倒是給吹拉長了好幾倍，成了如今的長鼻象。既然蜜蜂是因逃避煙燻而鑽入象鼻裡，這體大腦大的象於是有了妙方。牠走回燒廢的林裡，對著仍在悶燒的灰燼用力吸了一大口氣，憋著不吐，直至蜜蜂竄逃飛奔而出。如今象群有了長鼻，不再屈膝飲水，伸鼻採葉也便利得很！這被驅逐出境的蜂兒已經習慣了濕涼的象鼻，只好找形體相近也冬暖夏涼的樹幹洞兒來築巢。

無怪乎英文的象鼻與樹幹都是同一「trunk」字，而泰文裡說「住在樹洞裡的蜜蜂」則是「Phung Phrong」，就是「Elephant's Mouth Bees」（象嘴裡的蜂），信乎？！

養蜂人纏鬥老海神

希臘羅馬神話裡的亞里斯陶斯（Aristaeus）是阿波羅和水澤女神席倫（Cyrene）之子，也是有史以來第一位養蜂人。一日，他養的蜜蜂不知原委全部暴斃，便求助母親。母親說絕世聰明的老海神普羅特優斯（Proteus）可教他如何避免重蹈覆轍，但除非迫於無奈，否則老海神不會出手相助，唯一辦法是抓住海神並以鎖鍊將其捆住；老海神有廣大神通，可幻化成不同形體，但只要對其緊抓不放，最後他自會讓步回答問題。亞里斯陶斯於是潛伏在老海神經常出沒的法洛斯島，趁其不備灑下天羅地網將其擒拿，儘管海神變幻成各樣可怖怪物，養蜂人依舊緊抓不放，海神終於氣餒力疲現回原形。他告訴亞里斯陶斯必須殺牲祭神，並將牲屍留在祭壇，且在九個日夜之後回到原處察看。養蜂人苦等九天九夜返回一看，奇蹟發生了，牲屍裡飛奔出一大群蜜蜂。從此，亞里斯陶斯的蜂兒健壯安康，無病無災。

捷克畫家溫瑟斯勞斯·豪勒（Wenceslaus Hollar）畫於 17 世紀。

PART 2

認識蜜蜂

■■■ 第三章　蜜蜂王國及生態

蜜蜂是群居性昆蟲，分工縝密。每一蜂巢通常由一蜂后（舊稱蜂王；或因歷史主要由男性所撰寫，故認為領軍者必是男性）、數百隻雄蜂以及約 3 萬至 5 萬隻工蜂組成。本章將為您解說蜜蜂的種種生態。

雄蜂（Drone Bee）

蜂后會在雄蜂巢房裡產下未受精卵，經過三天便會孵化成小雄蜂幼蟲，所吃的食物與工蜂幼蟲類似，但食量大上三到四倍，因此雄蜂不管是幼蟲或成蟲，形體都比工蜂大。雄蜂的幼蟲在封蓋後，其封蓋子脾會微微上凸，高於工蜂巢房的封蓋。羽化約 12 天後，雄蜂達到性成熟，便可開始「婚飛」（整個追逐與交配的過程），這也是牠在蜜蜂王國裡唯一的功能。雄蜂壽命平均為 2 到 3 個月，花蜜與花粉充足的季節則可達 3 至 4 個月。

雄蜂體型圓肥粗獷，行動緩慢。終其一生最大使命，便是與蜂后交配。若是打敗其他雄性對手，便有機會與蜂后一親芳澤。一旦完成空中交尾，其雄性精囊便被蜂后吸入雌體的受精囊內，也因此陽器與內臟一同被撕裂，不久即亡，真是牡丹花下死，風流不過一次。至於競爭敗落未完成交尾的雄蜂，在遇到巢內糧食不足（尤其寒冬缺糧）之際，往往被工蜂驅趕至邊脾（蜂巢脾片邊緣）甚至掃地出門，成為路有凍死骨。

蜂后／王（Queen Bee）

蜂后會在王台產下受精卵，三天後孵化為小幼蟲，並在整個發育期都食用工蜂所提供的蜂王乳（蜂王漿），隨幼蟲生長，王台也隨之加高。幼蟲孵化的第五天末，工蜂會以蜂蠟將王台口密封，幼蟲在其內經五次脫皮而化蛹，之後又羽化為「處女王」。工蜂會將王台頂蓋咬薄以利處女王出房。初出房的處女王會去尋找其他封蓋王台，以上顎將王台側壁咬穿一小孔，接著將未出台（出房）的其他處女王候選者一一螫死。若有兩隻處女王同時出台，牠們會以螫針和上顎互相攻擊，進行殊死戰，直到一方被鬥死，以確立自身后位。

蜂后是唯一生殖器官發育完全的雌性蜂，體形最大最長。婚飛時一次可連續與數隻來自不同蜂群的雄蜂交配。有的蜂后會婚飛高達四次，交尾的伴侶多達十數隻，直到蜂后的受精囊充滿為止。繁殖期間，蜂后一天可產約等同其體重的 2,000 顆卵。這對蜂后體力耗損頗大，所幸有工蜂每日餵食其獨享的蜂王乳以增補體力。從此，她的一生便在吃食與產卵間度過，有如高級坐監。不過，蜂后是王國的領導中心，如蜂后滅亡，「巢庭」便崩解四散，蜂群將無所適從，此時便需推舉新蜂后（或人工介王）繼續領導。

◆控制蜂群的蜂王質

蜂后會分泌稱為「蜂王質」的特殊化學信息素，可藉由空氣或接觸傳播。工蜂飼餵蜂后時，蜂后便將這些物質借口器的接觸傳給工蜂，再經工蜂間互傳，蜂后即可影響整群工蜂的活動，甚至改變其生理狀態。藉此蜂王質的傳遞，蜜蜂即可知道蜂后的存在而安寧地運作，不讓國家機器空轉。蜂王質同時有吸引雄蜂交配、抑制工蜂卵巢發育的作用（如此才可確認只有一位共主，以穩定社群）。養蜂人穿「蜂衣」的表演常令人嘆為觀止，不過說穿了即是把囚禁蜂后的「囚王籠」藏在身上，待蜂后分泌蜂王質以吸引群龍無首的蜂群罷了。

分蜂狀態的蜂群暫棲樹枝上（取自 1903 年巴黎大學出版的《養蜂大全》）。

◆色衰氣盡推新后

元宵燈謎中有「日出滿山去，黃昏歸滿堂，年年出新主，日日採花郎。」射昆蟲一。其正解，就是蜜蜂。燈謎中的「年年出新主」，指的是春秋兩季蜂群發展壯大，巢內有大量幼蟲需食蜂蜜以及花粉，但工蜂採回的蜜又因蜂巢過小不夠存放，再加以蜂口眾多擁擠，且老蜂后分泌的蜂王質已不足以領導蜂群，無法抑制工蜂卵巢發育，此時，老蜂后便會領導部分蜂群飛走，另覓良處築巢建國，好讓原巢可推舉新蜂后繼續領導，形成另一新王國。這種蜂群分離成為兩國的生態，便稱為「分蜂」或「分封」（swarming）。據傳周武王討伐商紂時，其軍隊大旗團聚蜂群，被視為祥兆，便命此大旗為「蜂蠹」。其實當時只是遇上分蜂現象，蜂群暫時借用大旗落腳歇息而已。蜂后平均壽命約 5 年，但一般蜂農為求產卵的品質與數量，通常一兩年後，就會施行人工換王。

中心的蜂后是唯一生殖器官發育完全的雌性蜂，體形最大也最長（無花粉籃構造）。

工蜂（Worker Bee）

蜂后在工蜂巢房中產下受精卵，三天後孵化為小幼蟲，工蜂幼蟲在 1 至 3 日齡與蜂后幼蟲一樣食用蜂王乳（但數量少於蜂后幼蟲所食），之後被飼餵的是營養成分相對較差的幼蟲蜂糧（較稀的蜂王乳混和蜂蜜與花粉），正因食物之別與巢房小於王台的關係，致使工蜂失去正常生殖能力，個體也明顯小於蜂后。

工蜂全身的絨毛有助沾附大量花粉微粒。

蜜蜂愛採、適合採何種開花植物，取決其喙（舌頭）的長度。

工蜂正忙於餵食幼蟲，蜂房內橘色的是花粉。

棕櫚科的檳榔於夏季開花，為產粉植物。

工蜂在蜂群中的數量最多，少則幾千，多則幾萬，由於是生殖器官發育不全的雌性個體，所以前述燈謎中的「日日採花郎」，應改為「日日採花娘」才是。除了生育之外，所有重擔一肩挑，如採集花蜜、花粉、水、蜂膠、製作蜂糧、分泌蜂王乳、哺育蜂兒、飼餵蜂后、修造巢室、守衛蜂巢、調節巢內的溫度及溼度等，工作繁雜且繁重，且因所攝營養不如蜂后，春天的工蜂壽命只有一個月，真是鞠躬盡瘁，死而後矣。相對於需鎮日採蜜粉的春季工蜂，冬天的工蜂只需震動其翅肌產生熱能讓蜂群越冬，所以其壽命可達5、6個月。

約15至20日齡工蜂才會擔任採花蜜及花粉的勞務，年齡較小的工蜂則擔任其餘內勤任務。工蜂採集花蜜時，會用喙舔吸花蜜，採完一朵接著再採另一朵。每次採蜜都需採集成百上千朵花，才能將腹內的儲蜜囊裝滿，然後回巢將花蜜吐給內勤蜂處理。回巢時，工蜂體重會因花蜜而變重，故飛行速度變緩。

◆採集花蜜及花粉

花蜜是花朵分泌的甜汁，其中約含有60%至80%的水分。蜜蜂釀蜜時會將一滴花蜜吐到喙上，將喙反覆多次伸開與折回，以增大花蜜蜜滴的表面積，在巢內乾燥的環境下促進水分蒸發，同時混合其唾液，讓當中的蔗糖轉化酶將花蜜中的蔗糖分解成為葡萄糖與果糖（通常仍會留存有少量蔗糖），才把微小蜜滴（體積愈小愈容易蒸發水分）吐到巢房裡，如此便成為蜂蜜。不過，此時蜜中水分仍高（還有40%至50%水分），夜間巢內的所有工蜂都會參加「搧風活動」——振翅通風讓水分蒸發至約20%以下（因氣候而異，約需5到10天），成為「熟蜜」之後才用蜂蠟封蓋，以便長期儲存。

蜜蜂也採花粉，其全身密被的絨毛在採蜜時會沾附許多花粉粒，把黏在頭、胸部和身體上的花粉微粒刷集下來，遞到位於後大足的花粉籃內，成為兩大丸花粉團，這些動作可在空中飛行時完成，如此一停落在另一朵花上，就可及時採取花蜜。攜回花粉後，內勤蜂會將花粉團咬碎，塗上蜂蜜以及唾液，釀製成蜂糧（bee bread），也就是一般工蜂和雄蜂的主要糧食。

神秘的蜂舞

每日採蜜前，偵察蜂會先行飛出探尋蜜源。但發現蜜源後，偵察蜂如何告知採蜜工蜂蜜源植物的正確方位呢？這個謎團終於在上世紀七〇年代被破解。奧地利科學家卡爾・馮弗里希（Karl von Frisch）研究發現，偵察蜂發現蜜源後便飛回巢內，由募兵工蜂以觸角探聞偵察蜂，辨識蜜源種類，接著偵察蜂便在巢脾（即蜂巢片，與地面垂直）表面跳起「舞語」：圓舞曲及八字舞。

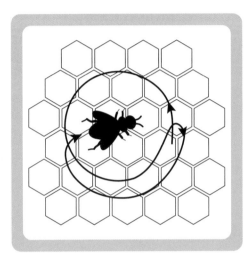

圓舞曲

當蜜源與蜂巢距離少於 80 公尺，工蜂同伴出巢一繞即可找到時，偵察蜂回來後會先把採回的食物分給巢內工蜂，然後跳轉圈圓舞，以告知蜜源距離、蜜源氣味以及花蜜和花粉的數量。當舞得越猛烈，即表示蜜源越豐富。但圓舞曲並未告知蜜源方位。弗里希的實驗證明，在觀察的 174 隻跟隨跳圓舞的工蜂中，其中有 155 隻能在五分鐘內找到蜜粉源來處。

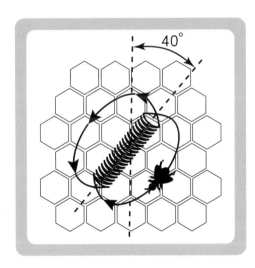

八字舞

當蜜源距離超過 80 公尺，偵察蜂便跳八字形舞蹈以告知方位。蜜蜂會先走一小段直線路徑，繞半圓回到原出發點，再向另一側繞半圓，如此規律反覆地交替「畫八字」。走直徑路線時，偵察蜂還會不斷搖擺其下腹，故又稱「搖擺舞」。當直線路徑偏離重心鉛垂方向右方 40 度，即表示蜜源在太陽方向偏右 40 度的方位（巢脾垂直向上的方向就是太陽方向）。實驗還證實，即便陰天，蜜蜂仍能利用天空中的偏振光（polarized light）來導向，一如有陽光一般，能進行正常的飛翔和各種採集活動。也因此項發現，弗里希與其他兩位工作夥伴在 1973 年一同獲得諾貝爾生理暨醫學獎。

移出幼蟲以方便採集蜂
王乳。

植物葉芽和枝幹上泌出的
樹脂是蜂膠的原料。

◆哺育蜂后

此外，5 至 15 日齡的內勤工蜂會以其下咽喉腺與大顎腺分泌蜂王
乳，以餵食蜂后成蟲與幼蟲。因蜂王乳極富營養，使蜂后壽命比
其工蜂女兒們多出 50 倍，也才有超人體力每日產卵；蜂后每下 10
粒卵，專司侍衛的工蜂便趕緊分泌蜂王乳餵飼她，如同伺候皇太
后一般。蜂后一生幾乎全由工蜂飼餵，只在特殊情況下才主動取
食。

◆採膠鞏固家園

採膠工蜂以上顎咬下植物葉芽和枝幹上的樹脂裝入花粉籃後，帶
回巢內由內勤蜂卸下樹脂，然後再加入蜂臘和唾液調製成黏稠的
蜂膠。蜜蜂用蜂膠加固蜂巢、抹光巢房內壁、填補蜂箱隙縫、縮小
巢門（天冷或禦敵時），也用蜂膠包封巢內被殺死敵害的屍體，以
抑制病源微生物的擴散。值得注意的是，採膠是西方蜜蜂特有行為，
東方蜜蜂並不採集蜂膠；至於這兩種蜜蜂的差異，將在下一章敘述。

◆築建蜂巢

晉朝文學家郭璞在他的《蜜蜂賦》中有言：「……無花不纏，無
隙不省。吮瓊液於懸峻，峰裩津乎晨景，於是迴騖林篁，經營堂密。
繁布金房，疊構玉室，咀嚼華滋，釀以為蜜。」說明蜜蜂除了採
取花蜜、咀嚼釀蜜之外，其另一神奇巧術即在建造被讚為「金房」
與「玉室」的巢房。

工蜂隨蜂齡不同分工細膩：①確認同伴回巢；②扇風
調節溫濕度；③把死去的工蜂同志拖離巢，以免感染
蜂巢；④採蜜工蜂肚內裝滿花蜜，回巢前停在野草上
稍事休息；⑤採集花粉回來；⑥兩隻體型較肥大的雄
蜂。（取自 1903 年巴黎大學出版《養蜂大全》）

巢房由工蜂分泌蜂蠟築成，作為蜂后產卵、育幼，以及存放蜂蜜、花粉的儲藏室。這些正六邊形的柱狀蜂房，一個挨著一個毫無間隙地緊密排列，巧奪天工，是建築學上最經濟的結構。甚且，工蜂築巢（或稱造脾）時還設計每單位房室都些微向上傾斜 13 度，好讓幼蟲住得安穩，也利於儲蜜。希臘幾何學家帕譜斯（Pappus）在西元 300 年出版一套八冊的《數學文集》（Mathematical Collection），並於第五冊中討論等周及蜂巢結構問題，特讚蜜蜂「依本能智慧論證」（Reason by instinctive wisdom）的天賦，生來具有「某種幾何的洞察」（A certain geometrical foresight）。

蜂蠟泌自工蜂的四對蠟腺（位於第四至第七腹節的腹板內），蠟液與空氣接觸後便凝成鱗片狀小蠟片。此外，蜜蜂刨平巢房間隔板的技藝也極為高超。巢房壁的厚度僅約有 0.073 公厘，由於工蜂是透過其觸角的尾節來測量巢房壁厚度，若觸角受傷或缺角，則巢房厚度會失準。

◆採水調節溫度與濕度

蜜蜂不僅透過採集水分來滿足生理需求，也以此來調節蜂巢內的溫度與濕度。大流蜜期所採的花蜜裡所含的水分可滿足蜂群對水的需求，但在缺蜜期和高溫且乾燥的夏季，對水的需求便會顯著增加，這時外勤蜂便需要外出採水：每隻採集蜂的每日採水總次數可達 50 次，每次約採 25 毫克。若外界乾熱，蜜蜂會將所採水分以霧珠形式存放在巢房內，並振翅搧風以加快水分蒸發，以達降溫、調節濕度之目的。當氣溫超過攝氏 38 度，蜜蜂採蜜時間減少，用來降低巢溫時間則增加，以保持蜜蜂王國的正常運作，不至滅亡。

以花粉、蔗糖或糖漿、大豆粉（或牛奶粉）捏成的人工蜂糧，在蜜粉源缺乏巢內無蜂糧時用以飼餵蜜蜂。

澳洲某葡萄園灌溉水管的滲漏處，採集水源以供蜂巢內所需的蜜蜂。

百香果花也非常受蜜蜂青睞。

《蜂電影》的謬誤

夢工廠曾在 2007 年推出知名影星參與配音的動畫《蜂電影》（Bee Movie），透過蜜蜂貝瑞的眼睛一窺蜜蜂世界。當貝瑞發現辛苦釀製的蜜蜂被人類盜取裝罐在超市販售，感覺錯愕且憤怒，決定將人類告上法庭，為天下蜜蜂爭取公義。

這部主要針對孩童所製作的動畫，敘事手法生動活潑，獲得不少佳評，然而片中充滿許多對蜜蜂生物特徵與習性的錯誤描述（筆者指的不是蜜蜂會開車、看電視之類的擬人情節），恐會誤導觀影者，故特將幾個謬誤整理如下：

⊕ 蜜蜂有六隻腳，影片中只有四隻。
⊕ 男主角貝瑞是雄蜂，卻有螫針（螫針是輸卵管特化而來，僅雌性工蜂與蜂后才有）。
⊕ 除了一對大複眼，蜜蜂還有三隻單眼。
⊕ 蜜蜂終其一生是多工生物，隨日齡增長而負責不同工作，非一旦選擇或被選擇，就終其一生無法更動工作項目。
⊕ 蜜蜂採集花蜜後將其儲存在腹中的儲蜜囊帶回，而非背在背板後。
⊕ 只有雌性工蜂會採集花粉（片中是雄健的雄蜂負責採集）。
⊕ 雄蜂並不釀蜜（貝瑞的爸爸被選派為釀蜜工）。
⊕ 年輕的雄蜂貝瑞不可能跟已經交配過的性成熟雄蜂（如貝瑞父親）同巢共存，因雄蜂在交配後即死去。
⊕ 雄蜂（貝瑞父親）不會跟工蜂（貝瑞母親）交配，只有女王蜂會與雄蜂交配。
⊕ 雄蜂終其一生不工作勞動，只會交尾。
⊕ 貝瑞不可能首次出巢就飛到幾公里外（需先經過短距離的認巢飛行，否則可能飛不回來）。
⊕ 片中絕大部分主角都是雄蜂，然而雄蜂通常只佔一群蜂約 1% 的數量。
⊕ 現代蜂業的取蜜方式不是將蜜刷下來，而是以離心力將蜜甩出。

蜜蜂螫針與宙斯

伊索寓言有則故事：「蜜蜂見其辛勤釀蜜被人偷盜，氣憤填膺，就飛到天神宙斯（Zeus）跟前請求給予一種能力，可嚴懲接近蜂巢的人。宙斯對蜜蜂這惡毒念頭非常不悅，於是就賦予蜜蜂螫人之針，但螫針連著肚腸並長有倒鉤，使得蜜蜂刺人一回，便叫腸子被拉出來，因此喪命。」此寓言用以警戒不懷好意，自食惡果之人。其實，蜜蜂的螫針倒不一定是為對抗人類而生，因為叮螫其他昆蟲時蜂針並不會脫落，所以有些學者推論，蜜蜂的蜂針乃是為蟲類而備。

如何避免蜂螫

蜜蜂叮人通常是萬不得已；人類通常要被同時叮上
300 至 500 針才會死亡，而蜜蜂螫人對蜜蜂而言，
卻是一針斃命。一般言之，上午的蜜蜂比較溫馴（尤
其風和日麗之際，蜂兒通常忙著採蜜無暇叮人），
空腹的蜜蜂較易憤怒，尤其老蜂比幼蜂更易發怒。
不過，最兇猛的並非蜜蜂，而是毒性更強的虎頭蜂
（螫人後螫針並不脫落，也不會因此死亡），其中
都市最常見的是黃腰虎頭蜂（Vespa affinis），但攻
擊性與毒性並不強；最兇惡的則是黑絨虎頭蜂（Vespa
basalis，也被稱作黑腹虎頭蜂、雞籠蜂），於山野
的高大樹枝上築巢，在距離敵害一公尺左右時會勾
彎起腹部螫針，朝人類眼部射出毒液（萬一被射中，
可用尿液洗眼急救）。

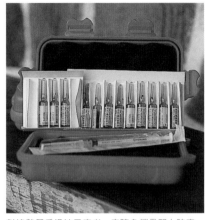

對蜂螫嚴重過敏反應者，應隨身攜帶腎上腺素，
不待症狀出現立即自行注射。

下列幾點建議可防蜂螫：

⊕ 野外登山，避走荒徑、草叢。

⊕ 吃剩果皮、食物，應包好丟入垃圾桶，以免招蜂。

⊕ 勿噴香水、勿使用香氣強烈的髮型噴劑、避免抽菸。

⊕ 陰雨時，蜂類多待巢內，少外出。但因巢內擁擠，蜂類易被激怒而螫人。

⊕ 登山最好穿戴表面光滑的淺色衣帽（白色、黃褐或淡綠色），避免深色、毛織品衣物。筆者在
　尼泊爾深山尋蜂時，英語導遊頭戴黑色毛帽，因之成為野蜂攻擊目標，旁人反而絲毫不引起野
　蜂注意，且蜂腳勾住毛線，不易掃除。

⊕ 如有 2、3 隻巡邏蜂在你身旁徘徊不去，表示你已經被鎖定成為敵害目標，此時更須保持鎮靜，
　視若無睹，巡邏蜂稍後可能會自動離去。若猛力閃避或動手拍蜂反易被螫，此時蜂針留在你身
　上的「費洛蒙」味道將吸引更多蜂類群起圍攻。

⊕ 若被蜂螫，應往風向的東西兩側逃離。

⊕ 若被攻擊，頭部最好以白色巾布保護。

⊕ 手持衣物在頭上旋轉，而後突然甩向一邊，這時蜂群會轉而追擊衣服，利用此時往反方向逃逸。

⊕ 進入山野活動，若經過虎頭蜂攻擊領域，可攜「必安住」之類的殺蟲劑防身。

⊕ 在症狀出現前，口服或注射類固醇有抑制蜂毒過敏效果。

⊕ 曾被蜂螫且發生嚴重過敏反應者，秋季入山應隨身攜帶腎上腺素或 EpiPen 自動注射器，若遇
　蜂螫，不待症狀出現，立即朝自己大腿注射以免休克。

三隻熊蜂正在吸取茴藿香（Agastache foeniculum）花蜜。
（攝於紐西南南島）

■■■ 第四章　蜜蜂品種概論

蜜蜂還分許多品種？沒錯，就如狗狗有大麥町、秋田與吉娃娃等，我們一般印象中的「蜜蜂」其實多來自電影與動畫，而裏頭描繪的基本上都是體色偏金黃的義大利蜂（Apis mellifera ligustica）。然而，就如同日本秋田犬只是犬族名種之一，愛蜜人需要對蜜蜂品種有些基礎認識，也才能藉此邁入蜂蜜品賞的進階課程。

　　蜜蜂總科包含 9 個科：舌蜂科（Colletidae）、地蜂科（Andrenidae）、隧蜂科（Halictidae）、切葉蜂科（Megachilidae）、條蜂科（Anthophoridae），以及蜜蜂科（Apidae）。蜜蜂科下又分 5 個亞科：條蜂亞科（Anthophoridae）、木蜂亞科（Xylocopiane）與蜜蜂亞科（Apinae）。蜜蜂亞科中常見的有蜜蜂屬（Apis）、熊蜂屬（Bombus）、無螫蜂屬（Trigona）與麥蜂屬（Mellipona）。

蜜蜂的種質資源

　　蜜蜂種質資源指「可人工飼養以利進行蜂蜜、花粉與蜂王乳等蜂產品生產的蜜蜂」，一般主指東方蜜蜂和西方蜜蜂。牠們在分類學上屬於節肢動物門、昆蟲綱、膜翅目、細腰亞目、蜜蜂總科、蜜蜂科、蜜蜂亞科下的蜜蜂屬。蜜蜂屬之共同特點是：社會性群居，以自身所泌蜂蠟製作垂直於地面的巢脾，且巢脾兩面都有六角形巢房。

　　蜜蜂屬昆蟲自然分布於亞洲、歐洲與非洲，大洋洲與整個美洲地區原來並無蜜蜂屬昆蟲存在，直到 17 世紀由歐洲移民引入，才使這兩洲有西方蜜蜂之存在。一般將世界各大洲蜜蜂分為七種，簡介如下：

◆黑大蜜蜂（Apis laboriosa）

又名喜馬拉雅排蜂，分布於尼泊爾、不丹、印度東北部、中國西藏南部、雲南西部與南部地區。工蜂個體大，體長可達 17 至 18 公厘，體色黑，腹節間有明顯白色絨毛，喙長（舌長）約 6.6 公厘，棲息在海拔 1,000 至 3,500 公尺的高山或高原，露天築巢，巢脾僅一片，附著於岩縫中之石壁上，巢脾下部為繁殖區，上部是蜜粉區，雄蜂房與工蜂房無區別，會季節性遷飛，攻擊、護脾性強，常螫人。每群黑大蜜蜂一年可獵取蜂蜜 20 至 40 公斤。

◆大蜜蜂（Apis dorsata）

又名排蜂，分布於東南亞、南亞、中國雲南南部、廣西南部以及海南等地。工蜂個體大，體長 16 至 18 公厘，頭、胸部黑色，腹部第 1 至 3 節背板的絨毛為橘紅色，第 4 至 6 節背板的絨毛為黑褐色，喙長平均 6.4 公厘。露天築巢，巢脾僅一片，通常附著於高大的樹幹下，離地面十公尺以上。巢脾下部為繁殖區，上部是蜜粉區，雄蜂房與工蜂房無區別，王台在巢脾

下側，會季節性遷飛，攻擊、護脾性強，常螫人。每群大蜜蜂一年可獲取蜂蜜 20 至 40 公斤。

◆黑小蜜蜂（Apis andreni formis）

分布於東南亞以及中國雲南南部，個體小，工蜂體長 8 至 9 公厘。黑色，腹部第 3 至 5 節背板後緣具白色絨毛帶。喙長平均為 2.4 公厘。棲息在海拔 1,000 公尺以下地區，露天築巢，巢脾僅一片，附著於小喬木枝幹上，離地面約 3 公尺，巢脾下部的中央部分為繁殖區，上部與兩側為蜜粉區，雄蜂房和工蜂房有區別，護脾性強。每群黑小蜜蜂一年可獲取蜂蜜約 1.5 公斤，黑小蜜蜂也可用於授粉。

◆小蜜蜂（Apis florea）

分布於東南亞、南亞、阿曼北部、伊朗南部以及中國雲南和廣西西南部等地，個體小，工蜂體長 7 至 8 公厘，腹部第 1 至 2 節背板為暗紅色，其餘各節黑色。胸部絨毛短而黃，腹部背板絨毛短而黑。喙長平均為 2.8 公厘。棲息在海拔 1,900 公尺以下、年均氣溫攝氏 15 至 22 度地區。露天築巢，巢脾僅一片，築於灌木叢或雜草叢中，離地面僅 20 至 30 公分；巢脾不大，下部中間部分為繁殖區，上部與兩側為蜜粉區，雄蜂房和工蜂房有區別，進行季節性遷飛（蜜源不足時也會），護脾性強，蜜源缺乏時常螫人。每群小蜜蜂一年可獲取蜂蜜約 2 公斤；小蜜蜂也可用於授粉。

◆沙巴蜂（Apis koschevnikovi）

分布於馬來西亞婆羅洲東北部和斯里蘭卡。淡紅體色，形體大小與東方蜜蜂近似，但沙巴蜂雄蜂的生殖器結構有別於東方蜜蜂，且飛翔時間都將近傍晚，晚於東方蜜蜂雄蜂。為適應雨林環境，群勢都不大，通常僅僅幾千隻，棲息地從海平面到海拔 1,600 公尺都可見到。然而，人類為種植茶樹、棕櫚樹、橡膠樹與椰子樹獲取經濟利益而砍伐雨林，已造成沙巴蜂數量遽減。

◆東方蜜蜂（Apis cerena）

廣泛分布於亞洲，以熱帶與亞熱帶地區為主，溫帶地區為次。分布範圍十分廣闊：南至印尼、北至中國烏蘇里江以東，西至阿富汗和伊朗，東至日本；當然台灣也有東方蜜蜂的分布。

東方蜜蜂的蜂后、工蜂、雄蜂分化明顯；蜂后有黑、棕兩色，雄蜂黑色，工蜂體色則變化較大（熱帶以及亞熱帶的工蜂，腹部以黃色為主，溫帶與高寒地區的腹色以黑色為主）。工蜂平均體長 10 至 13.5 公厘，喙長平均 3 至 5.6 公厘，後翅中脈分叉。愈是北方的東方蜜蜂體型愈大，體色也較黑。

自然狀態下，在樹洞、岩穴等隱蔽處築巢，但在鄉下也可能築巢在住家屋簷或甚至是電

線桿裏頭。蜂巢由多片巢脾組成，雄蜂蛹房蓋呈斗笠狀隆起，中央有氣孔。工蜂的活動和行為與西方蜜蜂相似，但在巢門前扇風時頭朝外，行動敏捷，能快速發現蜜源。採集範圍半徑為1至2公里，群勢通常小於西方蜜蜂，以台灣而言，通常不超過一萬隻。

在中國以及台灣的東方蜜蜂被稱為「中華蜜蜂」（Apis cerana cerana，簡稱「中蜂」）。中國幅員廣大，除新疆尚未發現外，其他各省都有分布。不過由於20世紀初以來西方蜜蜂的大量引進和飼養，使得中蜂數量逐漸減少（台灣情況相仿）。依據生態條件差異，中蜂又可分為閩粵型、兩湖型、雲貴高原型、北方型和長白山型等五個生態型。其中閩粵型指分布於廣東、廣西、福建、浙江沿海的丘陵地區。工蜂體型小，分蜂性強，群勢較小。

筆者依地緣以及工蜂體型推測，台灣的中蜂可能是閩粵型，但這有待學者專家進一步採行基因研究後定奪。此外，台灣有些養殖中蜂的蜂農或養蜂愛好者認為，台灣中蜂經過幾世紀以來的適應定居與繁衍，性狀以及基因可能已有改變，故應正名為「台灣蜂」（Apis cerana formosa），這點同樣留由專家以科學態度研究後判斷。其實在台灣的養蜂圈中，通常稱中蜂為「野蜂」，而野蜂養殖者多數居住在台灣北部（新竹以北），尤以北海岸最為盛行。

以養蜂人的角度來看，中蜂的生物學特性各有其優、缺點。主要優點為：嗅覺敏銳，蜜源發現速度快於義大利蜂、勤奮（早出晚歸，每日採集時間比義蜂多1至3小時）、善於利用山林的零星蜜源，且節約飼料、飛行臨界溫度低於西方蜜蜂，攝氏12度以上就能正常出勤採蜜（西方蜜蜂的最低飛行溫度約在14度），故而能採集枇杷蜜、枔木蜜以及鴨腳木等冬蜜、泌蠟造脾能力強，蜂蠟質量佳、抗蟎能力強，通常不須治蟎害、飛行敏捷，善於避敵、不採樹膠以製成蜂膠，故不黏箱，便於蜂農檢視、蜜房封蓋為白色乾型，利於製作上乘蜂巢蜜。

主要缺點：分蜂性強，難以壯大群勢（影響採蜜量）；蜜源欠佳；氣候不良或遭受病敵害嚴重威脅時，常常棄巢遷飛；容易感染囊狀幼蟲病，未及時防治，難逃滅群（台灣在2016年夏季疑似出現大量病例）；易受巢蟲（蠟螟）危害；泌乳能力差，不適用蜂王乳生產；愛咬舊脾、愛盜蜂（蜜源或食物不足時，甲箱工蜂入侵鄰近乙箱盜蜜引起衝突而傷蜂）；若因故失王（失去蜂后）容易發生工蜂產卵現象，然未交配過的工蜂產卵只能生出不事生產的雄蜂，蜂群終將滅亡。

◆西方蜜蜂（Apis mellifera）
西方蜜蜂（台灣養蜂圈簡稱「西洋蜂」、「洋蜂」）原產於中東、近東、歐洲和非洲，後由歐洲移民因自身需要攜帶以及商業上的交流影響之下，目前已遍及除南極洲之外的各大洲。

西方蜜蜂的蜂后、工蜂、雄蜂分化明顯；個體大小與東方蜜蜂相近（但通常比台灣野蜂略大一些）。體色變化大，從黑到黃都有，喙長平均5.5至7.2公厘，工蜂腹部第六背板上無絨毛，後翅中脈不分叉。自然狀態下，在洞穴中築巢，蜂巢由多片巢脾組成，雄蜂蛹房蓋

中央無氣孔；活動與行為類似東方蜜蜂，但在巢門前扇風時頭朝內（頭對巢門）。

　　西方蜜蜂因亞種之別，產卵力、採集力、分蜂性、抗病力、抗逆性等經濟性狀差別很大，採膠與盜蜂習性也不太相同。蜜脾封蓋分乾型（賣相佳，適合製作巢蜜）、濕型和中間型三種。西方蜜蜂可用於蜂蜜、花粉、蜂王乳、蜂膠、蜂蠟與蜂毒（包括蜂針療法）等蜂產品之生產，也可替作物、果樹、蔬菜、牧草等進行授粉（以法國而言，蜂農出租一箱蜜蜂協助農夫授粉約收取 40 歐元租金）。

　　根據學者研究，西方蜜蜂共有 24 個地理亞種，其中歐洲黑蜂（Apis mellifera mellifera）、義大利蜂、卡尼鄂拉蜂（Apis mellifera carnica）以及高加索蜂（Apis mellifera caucasica）因經濟性狀優良，便於飼養管理，目前是或曾經是職業養蜂上普遍使的蜂種，因而有「四大名種」美名，簡介如下：

歐洲黑蜂：簡稱「黑蜂」（各區當地人也習慣加上國名來稱呼，如法國黑蜂），原產於阿爾卑斯山以北的歐洲地區，成長於西歐溫和氣候條件和生態環境，是西方蜜蜂之著名亞種。個體較大，腹部寬，幾丁質（甲殼素）呈均一黑色。部分工蜂在第 2、3 節背板上有棕黃色班，喙長平均 6.3 公厘（在西方蜜蜂裡偏短）。產育力較義大利蜂弱，故春季群勢發展較緩。分蜂性弱，夏季以後可發展成強大群勢。對夏秋蜜源的採集強於其他品種蜜蜂，且善於利用零星蜜粉源，但對深花管蜜源植物的採集能力較差。節約飼料，蜜源條件不良時極少發生飢餓現象。性情相對凶暴，怕光，開箱檢查時易騷動螫人。定向力強，不易迷航，盜蜂性弱，以強群形式越冬（在嚴寒地區越冬性強，飼料消耗量也低）。抗甘露蜜中毒能力強於其他任何品種，易遭蠟螟侵襲，蜜房封蓋為乾型（或中間型）。春季時的產蜜量低於義大利蜂和卡尼鄂拉蜂。

　　歐洲黑蜂有許多生態型：如英國蜂、德國蜂、阿爾卑斯蜂、法國黑蜂、中俄羅斯蜂等。17 世紀歐洲黑蜂被引入北美洲，19 世紀則被引至南美洲和澳洲。由於其性情較兇暴，不便於企業化生產管理，目前除少數國家外，較不受歡迎。在多數國家和地區，牠已和義大利蜂、卡尼鄂拉蜂、高加索蜂雜交，或甚至被這些亞種取代。在法國、西班牙和波蘭某些地區還保留歐洲黑蜂的地方性純種；以法國而言，血統最純的歐洲黑蜂來自烏埃尚島（l'Ile d'Ouessant），法國嬌蘭公司與島上蜂農有著緊密合作以生產高檔化妝品系列。

義大利蜂：簡稱「義蜂」，原產於義大利亞平寧半島，是典型地中海氣候和生態環境下的產物。原產地氣候與蜜源條件特點為：冬季短，溫暖而濕潤，夏季炎熱乾旱，蜜源植物豐富，花期長。在近似的上述條件下，義蜂可表現良好性狀；相反地，在冬季長而嚴寒且春季時有寒潮來襲之處，適應性較差。個體比歐洲黑蜂略小，腹部較細長，腹板幾丁質為黃色，工蜂第 2 至 4 腹節背板的前緣有黃色環帶（但在原產地，黃色環帶的寬窄與色調深淺之變化很

大）。特淺色型義蜂僅在腹部末端有一棕色小斑，故被稱為「黃金蜜蜂」。絨毛為淡黃色，喙長平均為 6.5 公厘。

　　產育力強，分蜂性弱，易維持強群。善於採集大宗蜜源，對零星蜜源的利用能力較差，但善於採集花粉。在夏秋兩季採集較多樹膠。泌蠟造脾能力強。蜂王乳產量冠於其他品種。飼料消耗量大，蜜源條件不良時，易出現食物短缺而挨餓。性情溫馴，不怕光，開箱檢查時很安靜，除非動作過大，一般不太螫人。定向力差，易迷巢（飛到它巢）。盜蜂性強，清巢習性也強。以強群形式越冬，但飼料消耗量大。在高緯度或高山嚴寒地區越冬較困難。抗病力較弱：易患美洲幼蟲病、歐洲幼蟲病、麻痺病等；抗蟎力差，但抗蠟螟能力強。蜜房封蓋為乾型（或中間型）。

　　由於義蜂產蜜、產蜂王乳能力均強，也愛採花粉，還可進行蜂膠生產，故是包括台灣在內的許多國家職業養蜂人愛用的品種。約在 1850 年左右，第一批義蜂被運往美國，現已成為美國主要養殖蜂種（由於偏好與選種之故，美國義蜂體色多偏金黃）；。1885 年左右義蜂被引進澳洲，還將袋鼠島劃為義蜂保護區，故島上義蜂血統純正；台灣最早則是由日本人在 1910 年引進義蜂；日本人也在 1913 年將義蜂引進中國。義蜂在現代養蜂業中的重要性難以被其他蜜蜂品種所取代。

卡尼鄂拉蜂：蜂界又簡稱為卡蜂，原產於巴爾幹半島北部的多瑙河流域，包括奧地利南部、南斯拉夫、匈牙利、羅馬尼亞、保加利亞與希臘北部。原產地受大陸型氣候影響，冬季嚴寒漫長，春季短而花期早，夏季不過於炎熱。在上述條件下，卡蜂可表現良好經濟性狀。個體大小與型態近似義蜂，腹部細長，幾丁質黑色，工蜂絨毛多為棕灰色。採集力強，擅長利用零星蜜源，但花粉採集量少於義蜂。分蜂性強，不易維持強群。節約飼料，蜜源條件不良時很少挨餓。性情溫馴一如義蜂。不易迷巢，較少採集樹膠，以弱群形式越冬。抗蟎性較義蜂強。蜜房封蓋屬乾型，適合巢蜜生產。目前卡蜂分布範圍已遠遠超出原產地，成為義蜂之後，廣泛分布於全世界的第二大蜂種。

高加索蜂：簡稱高蜂，原產於高加索山脈中部的高山谷地，主要分布於喬治亞、亞塞拜然以及亞美尼亞等地。原產地冬季不過於寒冷，夏季較熱，無霜期較長，年雨量較大。個體大小、體型、絨毛與卡蜂近似。幾丁質為黑色。產育力強，分蜂性弱，能維持強群，性情溫馴利於開箱查蜂。採集樹膠能力強於它種。愛造贅脾，定向力差易迷巢，盜蜂性強。在寒冷地區的越冬性差。採集甘露蜜過多時易中毒。蜜房封蓋為濕型，比較不合蜂巢蜜製作（賣相差）。由於產蜜量不如義蜂與卡蜂，且抗病力弱，目前不受養蜂人青睞，但由於牠愛採樹膠，算是生產蜂膠的理想蜂種。

中國雲南省南部的黑大蜜蜂。

與西方蜜蜂不同，中蜂的雄蜂蛹房蓋呈斗笠狀隆起，中央有氣孔。

嘉義梅山鄉罕見被飼養的台灣無螫蜂（蛇木蜂箱），牠們還自築喇叭狀出入口。

中國雲南省建水縣的中蜂分蜂團。

中蜂對當地氣候以及蜜源條件的適應性極強，具西方蜜蜂無法取代的優點。圖中為台灣北海岸附近的中蜂，個體比中國北方的中蜂較小。

歐洲黑蜂

義蜂性情溫馴，不怕光，除非動作過大，一般不太螫人（攝於南投）。台灣的義蜂多已與其它西方蜜蜂亞種雜交過，有些蜂農更進一步篩出「高採蜜種」或「高產漿」蜂種。

西洋大熊蜂正在採集檸檬樹的花蜜（攝於塔斯馬尼亞）。

三型蜂（義蜂）個體大小之比較

工蜂　　　　蜂王　　　　雄蜂

工蜂（義蜂）的成長日程

從卵成長為工蜂共需 21 天

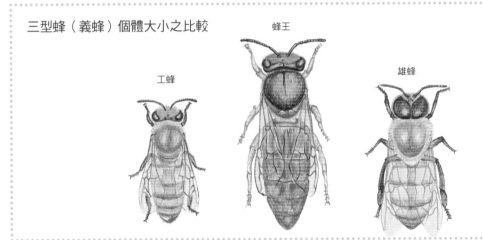

卵期 3 天			幼蟲期 10 天								蛹期 8 天									
1	2	3	4	5	6	7	8	9	10	11	12	13	14	15	16	17	18	19	20	21

卵孵化為幼蟲

蛹前期

化蛹前幼蟲會朝巢房開口處挺進，並釋放費洛蒙促使工蜂將巢房於第九天封蓋，以利之後的化蛹、羽化與出房。

三型蜂（中蜂與義蜂）發育日期比較表

三型蜂的發育日期會因蜂種差異而不同，以下比較中華蜜蜂與義大利蜂的三型蜂發育日期之別；此為預測自然分蜂、培育蜂王與估計群勢發展等作業的重要依據。

三型蜂	蜂種	卵期	未封蓋期	封蓋期	出房日期
蜂后	中蜂 義蜂	3 天	5 天	8 天	16 天
工蜂	中蜂 義蜂	3 天	6 天	11 天 12 天	20 天 21 天
雄蜂	中蜂 義蜂	3 天	7 天	13 天 14 天	23 天 24 天

渾圓可愛的熊蜂（Bombus）

　　熊蜂為蜜蜂科熊蜂屬種類的總稱，為社會性昆蟲，廣泛分布於北半球，某些種的熊蜂甚至能在北極圈生存，但以北半球溫帶地區最為集中，然而南美洲以及紐澳也有少數種類生存。全世界熊蜂屬有 250 多種，中國擁有超過一百種，台灣本土則有精選熊蜂（B. eximius）以及楚南熊蜂（B. sonani）等 7 種。熊蜂是受粉高手，除可用於替紅花三葉草、苜蓿、果樹與棉花等授粉，更可替溫室內一般蜜蜂不愛採集的番茄受粉（以台灣而言，精選熊蜂可替溫室的牛番茄受粉，除增進果實之質與量，更能節省人工授粉勞力）。

　　熊蜂群由一隻蜂后、若干隻雄蜂以及數隻生殖器官發育不完全的雌蜂構成，相對蜜蜂而言群勢特小。以在地下築巢的西洋大熊蜂（Bombus terrestris，又稱「歐洲熊蜂」）而言，每群大約有 400 隻工蜂，然而其他種的熊蜂常常每群只有幾十隻工蜂。大多數一年一世代：熊蜂的週年生活始於早春，植物開花時，熊蜂的蜂后和其他獨居蜂一樣，從越冬棲息場所（地穴或朽木）鑽出來，開始周年生涯。冬眠後鑽出的蜂后之首要任務是找到適合營巢的場所（地鼠洞或地表裂縫），用自身分泌的蜂蠟與採來的花粉混合後建築巢房，產下少數幾粒卵，並加蓋。隨後在巢房周圍建築一些小蜜罈，裏頭儲存花蜜。蜂后緊抱育兒室，維持蜂子溫度恆定；從產卵、作繭、化蛹到出房約需一個月。

　　最先出房的都是一些小工蜂，這些小傢伙們幫助蜂后擔任擴巢、採食與防衛等工作，以後蜂后就專司產卵。工蜂們培育出更多的下一代工蜂，蜂巢隨之擴大，之後體型大小不一的工蜂便負責各自工作。到盛夏，蜂群群勢可能超過百隻，進入極盛期。接著蜂后開始產下未受精卵以培育大量雄蜂，這時處女王也隨「巢廷」需求被孵育出來，爾後，處女王再與雄蜂交配後會不斷取食花蜜與花粉，待體內脂肪累積充分，便離開原來蜂群，尋找適合越冬棲息之地點進行冬眠，直至翌年春天鑽出，再形成另一生生不息之循環。原巢老蜂后不久即亡，原蜂巢走向衰敗，最終解體滅亡。

溫和的無螫蜂（Stingless Bees）

無螫蜂又稱「無刺蜂」，是蜜蜂總科蜜蜂亞科麥蜂族（Meliponini；族是介於亞科和屬之間的分類層次）昆蟲，之下分為 5 個屬，以無螫蜂屬和麥蜂屬最為重要，其中又以無螫蜂屬的品種最多；事實上，全世界的無螫蜂將近 500 種，比我們所熟知的蜜蜂還要令人眼花撩亂。無螫蜂廣泛分布於熱帶地區，其次是亞熱帶地區，目前記錄中以中南美州種類最多（180 餘種），其餘分布在非洲（30 餘種）、亞洲（約 45 種）、澳洲、新幾內亞與所羅門群島（20 餘種）等等。

墨西哥以倒扣的雙陶甕蜂箱養殖當地無螫蜂。

其雌蜂螫針發育不全，不會造成痛感，因而稱為無螫蜂。部分蜂種上顎強壯，另一些則可從口器中發射腐蝕性液體（如巴西無螫蜂），造成皮膚疼痛。然而，多數對人危害性小，攻擊性不強。大部分的無螫蜂將蜂巢築在樹洞中，巢門則以蜂蠟、蜂膠（有些蜂種還使用泥土）築成管狀出口。牠們與蜜蜂都是社會性昆蟲，也區分產卵蜂后、少數雄蜂，以及數量較多的工蜂。無螫蜂可為多種作物受粉，是很有發展潛力的授粉昆蟲，也可生產蜂蜜以及大量的蜂蠟，但比起西方蜜蜂，相關蜂產品的種類較少。

麥蜂屬的馬雅皇蜂（Melipona beecheii）在中美洲由人類飼養利用之歷史已超過兩千年，是人類最早利用的蜂種之一。其實台灣也有無螫蜂，而與之淵源最深者則是原住民族。目前經學者記錄有案的台灣無螫蜂只有一種，故就稱為台灣無螫蜂（Trigona ventralis hoozana），應是北半球分布最北界的無螫蜂，主要分布在嘉義山區（海拔 300 至 1,500 左右），然而群數極少，近乎絕種，幸而已有學者計畫復育，並打算開發蜂膠產品，使台灣無螫蜂的未來似乎露出一絲曙光。

嘉義阿里山鄉里佳村以樹幹蜂箱養殖的台灣無螫蜂，可惜寒流來襲時被凍死。

筆者為一睹台灣無螫蜂真面目，多方探詢後，找到嘉義深山里佳部落的鄒族勇士莊大哥，請他帶我入山一看。沿途中，今年 60 出頭歲的莊大哥表示只看過一種無螫蜂，與學界觀察相同。由於部落年輕人現已不識無螫蜂，所以莊大哥二兒子也一起隨行探蜂。我們自民宿走了一段腳程約半小時的山徑後，來到一處之前莊大哥已經注意到的無螫蜂棲息處：這海拔 1,100 公尺處的大樹高約 6 公尺，就在中段約 3 公尺處，有一管型小出口伸出，是無螫蜂起飛和降落的甲板，由蜂蠟和蜂膠製成，伸出長度約 3 公分，寬約 4 公分。相對於熱帶地區的無螫蜂們，此管狀出入口看來短了許多。

嘉義山上自樹幹中挖取的無螫蜂蜜甕（右邊開口的反光液狀部分）與花粉甕（圖左黃色部分）；因為挖捏的關係，整體稍有變形。

在中國雲南省捕獲的野生……非蜜蜂，這是食蚜蠅的一種。

這也不是蜜蜂，真名是細扁食蚜蠅（Episyrphus balteatus）。

仍然不是蜜蜂，此為隧蜂，螫人不太痛。

為就近觀察，我們爬上樹旁巨岩，莊大哥在蜂巢出入口上方幾吋處鋸斷樹枝（主幹分兩旁枝，僅鋸右邊樹枝），筆者發現蜂巢就位於樹幹正中心。由於無螫蜂巢的下部為育蟲區（無螫蜂從降落甲板進巢後可直達），隔著包膜（involucrum）的上部為糧食儲存區，所以鋸樹後的斷面就是由黑褐色球型或半球型膠甕（主要原料是蜂膠，次要為蜂蠟）保護的蜜區與粉區；由於食物區與育幼區、居住區涇渭分明，故當莊大哥自上部挖出部分粉蜜以待稍後一起品嘗時，絲毫未傷及子區，無螫蜂群基本上安然無恙，幾隻留在斷面處的工蜂也狀似悠閒，不見攻擊性，性情極為溫和。離開前，莊大哥在斷面上包覆塑膠袋防水，再蓋上之前鋸下的木塊，完成基礎復原工作，若無天災，本群應可生存無礙。

回到民宿露台，筆者發現其實這野採的蜜粉區已因抓捏、裝袋而變形，已非最佳觀察樣本，但還是可以觀察到蠟甕裡的花粉和蜂蜜基本上都區隔開，雖然莊大哥也觀察過粉蜜共一甕的情形（但這樣的蜂蜜很容易發酵）。以刀在蜜甕上劃十字，拉開缺口即可看到「一汪蜂蜜」：之所以如此形容，是因無螫蜂蜂蜜即便被蜜蜂甕封後，水分還是非常高；以匙挑嚐（用吸管更佳），這無螫蜂蜜酸甜似洛神烏梅汁，清爽滋涎，相當可口。

其實除了野生無螫蜂群，莊大哥的姪子也養了一箱無螫蜂，無奈主人遊歷外鄉工作，暫時聯絡不上，莊大哥無權開箱讓我就近清楚觀察無螫蜂巢的完整結構，筆者只好朝木幹蜂箱入口處拍攝衛兵工蜂做紀錄；不幸地，這箱後來也因2016年初的霸王寒流來襲，就此陣亡。雖然之後也探詢到嘉義梅山（海拔約1,000公尺）一位漢人大哥也以蛇木蜂箱養了幾箱無螫蜂，但當天天氣欠佳加上「日子不好」（翻曆書），所以仍是無緣開箱目睹，同樣只能在「停機坪」上外拍。

此外，無螫蜂在台灣多俗稱為「虎神蜂」（就是台語蒼蠅的意思），然而根據筆者觀察，牠體格弱小如蟻，俗稱應改為「螞蟻蜂」；也有人因其「慈悲心腸」不螫人，暱稱其為「觀音蜂」。台灣無螫蜂因個頭小又無螫，當有敵害入侵時，會彈出黏度極強的蜂膠（比一般蜜蜂的蜂膠黏性更強）來困住敵害；人的眼睫毛或是頭髮被沾住，非常難洗，大概只能剪掉。傳統上，鄒族都拿無螫蜂蜂膠來塗佈繩索，再以之扎綁刀柄與箭頭，除更加牢靠也能防水。使用步驟是：先分離花粉與蜂蜜後，將剩下的蜂膠以清水洗淨，熱水煮之，放涼靜置至隔天，待雜質下沉，取此純淨膠質即可使用。

相對於台灣只有一種無螫蜂，且群數少得可憐。馬來西亞則有 33 種無螫蜂，常見的約十種。目前當地的無螫蜂養殖蔚然成風，最受養蜂人歡迎的兩個品種是：伊大瑪（Heterotrigona Itama，長相有點近似台灣無螫蜂）以及多啦西卡（Geniotrigona Thoracica）。在市場前景似乎看好下，已有人開設「銀蜂創業班」（大馬稱無螫蜂為銀蜂），但由於多數人是直接自雨林中砍伐樹幹，帶回自己銀蜂園養殖，有破壞環保之嫌；筆者希望該國養蜂人在技術精進後，能以分蜂方式擴群，不再隨意濫砍森林。

此外，大馬的銀蜂養殖業是否真能起飛，還與無螫蜂蜜的含水量有關：根據盧比克（Roubik）在 1983 年調查 27 種無螫蜂所產蜂蜜的含水量，發現平均濕度在 31%（台灣的無螫蜂蜜也差不多），遠遠超過義大利蜂所產蜂蜜的含水量（通常低於 20%）。因此，常溫下不耐放且易發酵的無螫蜂蜜有商業販售上的難度，雖有人提議將無螫蜂蜜加溫濃縮，但如此一來，蜜裡的風味與酵素勢必遭破壞；這樣的無螫蜂蜜一如台灣多數經過加溫濃縮的義大利蜂蜂蜜（如龍眼蜜、荔枝蜜），無太高的營養價值。筆者建議，無螫蜂蜜不要濃縮，但須冷藏保存與運送，小心呵護一如珍稀葡萄酒。

授粉專家獨居蜂（Solitary Bees）

一般人比較熟悉的蜜蜂或是熊蜂都是群居性的社會性昆蟲，然而世界上約 90% 的蜂類都屬獨居蜂，如切葉蜂、壁蜂、木蜂、蘆蜂與隧蜂（Sweat bee，又稱「汗蜂」）等等皆是。牠們可是授粉尖兵，比蜜蜂的授粉能力還要高強，是維護地球生態的重要推手，身為地球一份子的人類，有必要進一步認識牠們。

獨居蜂有幾項特性：每隻獨居蜂雌蜂都可交尾產生後代、每隻雌蜂都自己築巢與覓食、有七成都在地底挖洞居住、不群居，不釀蜜，也無蜂后與工蜂的分級、無法泌蠟築巢，採用不同材料建築巢房、直接吸食花蜜，並花費大量時間採集花粉，並將它與花蜜混合以當作幼蟲蜂糧、授粉效率高於蜜蜂：一隻紅色壁蜂（Osmia bicornis）約可抵 100 隻蜜蜂；由於牠無花粉藍構造，意味著每次訪花採粉時，牠所丟失於空中的花粉粒數量遠大於蜜蜂，因而促成更佳的植物授粉率、一但產卵且提供所需糧食，雌蜂不再回頭照顧後代、不具攻擊性，除非抓牠否則不會螫人。

因都市化、綠地與森林面積減少以及氣候變遷等因素，獨居蜂一如蜜蜂，在數量上有減少之趨勢，故有識之士開始提倡在都市陽

法國阿爾薩斯一家酒莊五歲小兒子自組的迷你蜂旅社，看來已有嬌客進駐。竹管被泥土封住表示已有雌蜂產卵並放置食物，以因應幼蜂成長所需。

台、公園建造「獨居蜂旅館」以提供給另外三成喜在枯樹幹、蘆葦莖、樹枝、木塊裏頭築巢的獨居蜂類一個安身立命，繁延下一代的居所；最佳範例是巴黎市中心的植物園裏頭所設的「蜂旅社」（Hôtel à Abeilles）。台灣也不落人後，已有年輕人設立「城市養蜂是 Bee 要的」臉書專頁，提倡民眾設立小型獨居蜂旅館，用心值得鼓勵。

蜜蜂天敵何其多

蜜蜂天敵眾多，除了人類，尚有各式虎頭蜂、東方蜂鷹、燕子、蛇類、鬼臉天蛾、蜥蜴、蜈蚣、蟾蜍、啄木鳥、食蟲虻、金龜子、蜂巢小甲蟲（Aethina tumida Murray）等等。以虎頭蜂而言，體型最大、手段最兇惡的中華大虎頭蜂（Vespa mandarinia）是養蜂人心頭大患，因為只要十來隻「中華大」包攻一群（一箱）蜜蜂，不到三小時，即可能讓蜜蜂們全軍覆沒。其實「中華大」的工蜂成蟲是素食主義者，只吃花蜜、樹液和「中華大」幼蟲的唾液（富含特殊胺基酸化合物，可直接燃燒脂肪、轉換能量，以進行長距飛行），但其幼蟲卻是十足肉食主義者，所以工蜂姊姊們才攻進蜂箱奪取蜜蜂蜂蛹和幼蟲以飼餵幼蟲妹妹，若抓到蜜蜂，也會將其頭腳腹部去除，並把蜜蜂的胸部咬成肉丸子，帶回替幼蟲加菜。對台灣山區的養蜂人而言，中華大虎頭蜂的防治是首要課題。2006 年，法國、西班牙邊境的庇里牛斯山出現許多野熊，在飢餓下野熊獵殺許多牛羊牲畜，當地牧人為之氣結，不過在生態學家干預下，禁止牧人槍殺熊類。因此，這些搗毀山區養蜂人許多蜂箱，殺蜂取蜜的熊類，也是蜂兒頭號敵人之一。不僅如此，颱風、霸王級寒流、溫室效應（2015 年台灣夏季乾熱，蜂后產卵數量明顯減少）在近幾年來都造成蜂量減少以及養蜂人的經濟損失。

雙翅目食蟲虻正將神經毒素和消化液注入蜜蜂頭後部，待獵物內部被消化成液體之後再吸食。

歐洲一處民宅石造門楣上的石刻歐洲虎頭蜂蜂后形象。歐洲虎頭蜂雖也會攻擊蜜蜂，但危害較中華大虎頭蜂小很多。

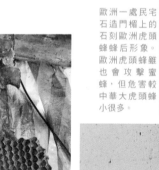

左：黑腹虎頭蜂窩（攻擊人類第一兇猛）。右：中華大虎頭蜂窩（第二兇猛，巢築地下）。　義蜂的守衛工蜂正與身長可達 4 至 5 公分的中華大虎頭蜂對峙。

巴黎植物園費心設有多重質材與多格狀的「蟻旅社」，方便獨居蜂進駐。

PART 3
認識蜂蜜

■■■ 第五章　食蜜之道

一花一蜜，千花就有千蜜，也滋生千色千味，要在其中品個真確、品出道理，還需要知曉蜜種分類、蜂蜜組成以及採蜜手法，加上多方鍛鍊品蜜技巧，來日自然可成為品蜜達人。

色味繽紛蜜世界

　　某養蜂班班長在國外旅行時，曾入境隨俗以蜂蜜沾塗可頌麵包來吃，「麵包是好喫，不過國外都是劣蜜，顏色淺淺，味道也薄薄的！」這下誤解可大，蜂農老伯以為天下第一蜜非「台灣龍眼蜜」莫屬，以其評比世間千萬蜜種，這國族品味主義不但顯出其品味之狹隘，也間接扼殺了台灣消費者的購蜜選擇，因他總是告訴消費者「龍眼蜜最香最濃，無比這卡好啦！」大多數消費者也篤信他的話，只認明龍眼蜜選購，因之台北市一般超市、量販店架上獨尊龍眼蜜，再見不著其他。

　　也因為獨尊龍眼蜜，大多數蜂農只產、消費者也只買此蜜。事實是，因需求量高，台灣龍眼蜜每年產量都不足，遂要從泰國進口大量廉宜龍眼蜜混充台灣蜜，或是將泰蜜混合台蜜，以台灣龍眼蜜之名魚目混珠，並銷價競爭，致使台灣勤儉實幹的養蜂人叫苦連天。一瓶 500 公克的龍眼蜜只賣 99 元（九成九有鬼），然而劣蜜驅逐良蜜由來已久，合理價格的優質龍眼蜜在賣場幾乎找不著，只好與蜂農或是養蜂產銷班蜂農購買以求品質保證。

蜜種溯源

凡經蜜蜂採集、釀造的蜜，統稱為蜂蜜，但溯其源，可分三類：

蜂蜜：蜜蜂採集植物花蜜釀造而成的蜜，就是我們一般所稱的「蜂蜜」，特點為氣味芳美，種類變化多端，令人眼見口嘗應接不暇。如：椴樹蜜、薰衣草蜜、迷迭香蜜、油菜蜜、向日葵蜜、龍眼蜜、厚皮香蜜、尤加利樹蜂蜜、皮革木蜂蜜，或是混合多種的百花蜜等皆是。

蜜露：蜜蜂採集花外蜜腺所分泌之甜汁，所釀成的蜜，我們稱為「蜜露」。在高溫　旱、晝夜溫差較大的年分，蜜露汁液常自某些植物葉柄、葉面泌出，蜜蜂採擷後釀製成蜜露，如美國或中國的棉花蜜，不過香氣清淡，較不為一般消費者喜愛。

雖法文寫的是橡樹蜂蜜（Miel de chêne），但其實是種甘露蜜。

甘露蜜：寄生在松樹、衫樹、柳樹、椴樹、高粱、玉米等枝葉或枝幹上的蚜蟲、介殼蟲、木蝨等昆蟲採食這些植物的汁液後，將其所不需的糖類甜液排出，再由蜜蜂蒐集釀成甘露蜜，如法國阿爾薩斯、德國冷衫甘露蜜，或是紐西蘭黑山毛櫸甘露蜜。甘露蜜氣味特殊，頗獲行家青睞。

目前有些台灣蜂農在泰國投資設立養蜂場，主要著眼於當地氣候較熱，流蜜量較大也較穩，再以便宜人工採收龍眼蜜，再回銷台灣。筆者一點也不反對泰蜜銷台，其品質也不必然較差（雖因風土之別，口感會有些微差異），但是寄望產蜜者至少標明產地（即所謂的「生產履歷」），藉由「說清楚、講明白」，讓消費者能自行判斷、購買、品嘗之後，再決定對不同產地蜂蜜之好惡。唯有培養「吃其然，且吃其所以然」的消費者，才能讓蜂農以合理的對價關係賣出產品，而不需因削價競爭而降低品質。同時，聰明的食蜜者必定不會甘心只嘗一種蜜，畢竟一花一宇宙，一蜜一世界。

另外，台灣許多消費者尚不知甘露蜜為何物，甚至蜂農本身也是如此。

一位見識、經驗均優的台灣蜂農卻如是說道：「甘露蜜，我知道。不過，那些是品質較差的蜜，裡頭蔗糖較多。」的確，蜂蜜之所以較之蔗糖為佳，是因蜂蜜裡頭主要是單糖，人體不

歷史上的甘露三說

唐朝甘露之變

唐朝安史之亂後，宦官勢力坐大，文宗及一些有識大臣欲除宦而後快。唐文宗太和九年（西元835年）11月，有人奏稱左金吾衛殿後，石榴樹夜生甘露，為祥瑞之兆。文宗派宦官仇士良等前去查驗、採集，與文宗共謀之大臣李訓一行人便計畫事先暗藏兵甲伏殺。仇士良抵達後，聽聞兵器之聲，知曉內有伏兵，立刻返宮挾持文宗。李訓與眾兵卒聞訊阻止不及，雖然擊殺少數宦官，但在仇宦派出禁衛軍後便潰敗了。李訓雖逃出長安，但終被捕殺。此次事變死者過千，除李訓外，另有多位大臣被誅連殺害，史稱「甘露之變」。其後文宗被幽禁，抑鬱而亡，從此宦官掌握軍政大權及君主的廢立生殺。

史學文獻之名詞探源

我推論甘露之變的源頭，應該與後世所稱的「甘露蜜」有關。晉人范汪在〈東陽郡表〉中說：「瑞日所統長山諸縣，林中木葉上，朝有凝露，其味如蜜，夕乃溜地，耆老咸謂甘露。」首先，如只是一般露水，則不會含糖分，其味也不至於如蜜；李時珍曾言：「按《方國志》云，大食國秋時收露，朝陽曝之，即成糖霜」。大食國即為今之伊朗，想必古時伊朗人必混合了晨露和「蜜露」或「甘露」之液體，以太陽蒸曬，取其糖粉，我們或可稱之「甘露糖粉」。但如是蜜蜂採「甘露」回巢釀蜜，則成了甘露蜜。

以色列人眼中的天降神糧

舊約聖經《出埃及記》第十六節〈從天降下的食物〉當中，以色列人在到達「流奶與蜜」的迦南美地之前，流浪沙漠凡四十載，所吃的唯一食物就是耶和華從天降下的糧食，以色列人稱此神糧為「嗎哪」（Manna），並形容它「樣子像芫荽子，顏色是白的，滋味如同摻蜜的薄餅」。蒸乾後的甘露糖粉即為白色；樣子像芫荽，因為蒸發凝成小球塊；扁球塊狀如小餅，且因來自甘露而甜如蜜。此外，甘露蜜在希伯來文以及阿拉伯文裡是「Man」，而「Manna」或「Man～es～simma」則是指「天降甘露」（Honeydew that falls from the sky），可推知嗎哪神糧應是甘露的乾燥狀態，而非如某些食評家所謂的「見形移形」，指嗎哪是芫荽。既是支撐以色列人出埃及四十年的唯一神糧，可見甘露蜜絕非蜜中劣品。

蜜蜂蒐集蚜蟲所排出之產物，釀成甘露蜜。

需再耗費身體機能來轉換雙糖，易於消化，然而他的話只對了一半。平均而言，甘露蜜的蔗糖以及多糖只比蜂蜜多不到15%，但其內含的礦物質卻是後者的兩倍之多。何況，如將甘露蜜加入強悍澀口的紅茶裡，除能添韻增香還能滑潤甘口，又不改茶氣，再契合不過。

向日葵是蜜蜂特愛光顧的蜜源植物，其蜜容易結晶。

單一蜜源蜂蜜與百花蜂蜜

蜂蜜依據蜜源植物不同，又可分為單一蜜源蜂蜜和百花蜂蜜。由於台灣較缺乏大片單一植物帶，加上價賤（相對龍眼蜜來說），蜂農無意願採收，台灣的單一蜜源蜂蜜較之歐美便少得可憐。其實除了龍眼蜜，台灣還有荔枝蜜、咸豐草蜜、柚子蜜、厚皮香蜜、翠米茶花蜜、金桔蜜等。在有心人士推動下，現有一批年輕蜂農願意改變傳統試採其他蜜種，如鳳梨蜜、西瓜蜜、烏桕蜜、鴨腳木蜂蜜等，殊為可喜可賀。

百花蜜，顧名思義為多花種蜜源蜂蜜，當無一主要豐盛的蜜源時，任蜜蜂採收百花以釀蜜得之。台灣初春至晚春主採荔枝、龍眼蜜，秋冬則不移地牧蜂採蜜，而讓蜜蜂採收蜂箱附近多種蜜源，因產季之便，故又稱「冬蜜」。西方的山林蜜（Mountain honey）或是灌木叢蜂蜜（Miel de garrique）便是百花蜜，因產區、緯度不同，百花百草組成各異，也因林相之故，有時會混到少量甘露蜜。此外，台灣所謂的「百花蜜」在法國被誇張地稱為「千花蜜」（Miel mille fleurs），然而如此標法目前已遭歐盟禁止，只能標為「花源蜂蜜」（Miel de fleurs）。

蜂蜜的定義與組成

目前的歐盟法規與國際蜂蜜商業交易裡，所制定的「蜂蜜」（Honey）定義為：蜂蜜為由西方蜜蜂（Apis mellifera）所釀製成的天然甜味物質。如此一來，把東方蜜蜂（如中蜂）以及尼泊爾的黑大蜜蜂（Apis Laboriosa）所產製的蜜品均排除在外，不啻為一種人為加諸的「蜂種霸權」；然而，由於義大利蜂容易飼養與管理，且較不螫人，故為世界上絕大部分蜂農所採用。雖時勢所趨，但也並非不得不然。

為何尼泊爾野蜂釀的蜜不能算是蜂蜜？的確，不同蜂種因其口喙之形狀與長度不同，所能採擷的蜜源植物不盡相同，釀成的蜂蜜

蜂蜜氣味輪

此一「蜂蜜氣味輪」取自法文書籍《養蜂手冊》（Le Traite Rustica de l'Apiculture），可幫助讀者據此建立一套自身的氣味辨識體系。就如「葡萄酒氣味輪」，這只是概論，哪些蜜種符合所述氣韻則需讀者自行不斷品嘗、對照與配對。舉例而言，台灣斗南鳳梨蜜就符合氣味輪裡，「鮮花果香調性」下「果香調」的鳳梨氣味；再如，椴樹蜂蜜常釋出屬「鮮調性」下「涼鮮調」的薄荷涼香。如果覺得氣味輪中的描述有所欠缺，也可自行添入。譬如我會在「木質調性」下的「香料調」中增添「人蔘味」，以符合我曾試過覺得滿溢蔘味的義大利樹莓蜂蜜。

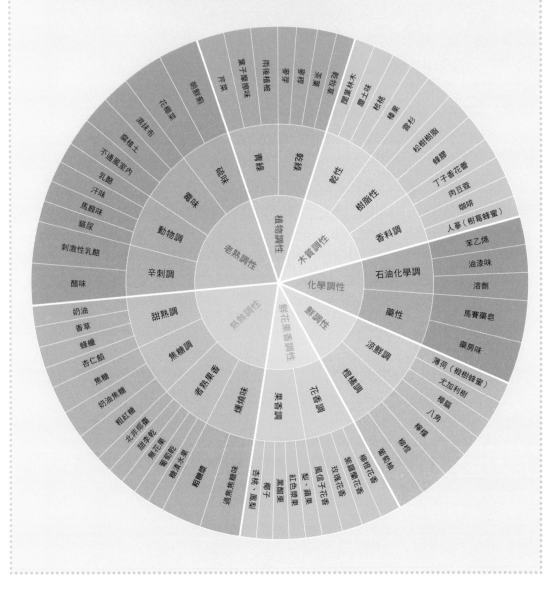

組成當然不完全一樣。照理說，同一種蜜源植物若由兩個不同的蜜蜂品種採擷、釀蜜，味道應該差不多，但台灣的中蜂（野蜂）所釀之蜜，味道硬是水薄了些，何理？這又要牽涉到品種習性之不同。

西方義大利蜂採完花蜜，在巢內搧翅釀蜜時，頭部向內，把外面乾熱的風導入以乾燥蜂蜜；中蜂則頭部向外，把巢內濕氣搧出以釀蜜；相較之下，前者效率較高。

若在同一時期品嘗兩個不同蜜蜂品種所釀製的封蓋巢蜜，中蜂的蜜含水分較高（比義蜂的高約 1 ～ 2％），故風味淡些，且因水分略高，酸度也會較明顯。

然而，義蜂雖然善於採大片蜜源，卻不善於利用零星蜜源，故台灣北部（如基隆、雙溪附近）較溼涼山區所生長的森氏紅淡比以及鴨腳木，不受義蜂青睞（以森氏紅淡比而言，義蜂甚至完全不採）；但中蜂卻很愛這兩種山林植物，故而得以產出筆者給予高評價的兩款北台灣特色蜜：「紅淡蜜」（夏蜜）以及「鴨腳木蜜」（冬蜜）。

因為學界與職業蜂農對其他蜂種釀蜜的研究較少，所以一般討論蜂蜜的組成均是以西方蜜蜂為主，也是一般消費者所能買到的蜜種。

蜜的最主要營養成分是糖，佔 70％～ 80％，其中又以可直接被人體吸收利用的單糖（即葡萄糖和果糖）為主，佔總糖分的 85％～ 95％；其次為蔗糖，一般不超過 5％。此外，還有少量的多糖，如麥芽糖、乳糖、棉子糖等，是高營養、高熱量卻低脂的營養食品。因為高熱量，即食即飽足，便不會攝取其他不健康食物；宜蘭蜂農郭賢德透露，當初為了追求另一半，每日食蜜，避吃其他多脂高糖加工食品，終於瘦身有成，娶得美人歸。

蜂蜜也含多種維生素，主要來自花粉，其中以維生素 C 和 B 最多。出乎一般意料之外，蜂蜜屬於弱酸性，蜜裡含有葡萄糖酸、檸檬酸、蘋果酸、甲酸與乳酸等。正常蜂蜜的酸度約在 PH 4 左右，但由於甜度高，酸味便隱而不彰，其實若將荔枝蜜或橙橘類的蜜泡水飲用，即可察覺酸味。另外，台灣最酸甜香口的則是「紅淡蜜」，也是筆者最愛。

多彩的蜜色光譜

　　一位來自中國迪慶藏族自治州（雲南西北部）的朋友，送了罐迪慶高原百花蜜給我嘗嘗。其蜜色深褐，滋味深沉帶中藥味，很是特殊；閒聊中，他聊及迪慶當地人不買淺色蜜，因直覺是假蜜。這當然是少見多怪，因為一花一蜜，一蜜一色，無法通論。

　　以筆者最愛之一的高山杜鵑花蜜（義大利北部以及法國西南部高山上有產）來說，其蜜色淺薄，自淡黃到幾近水色都有可能，然而蜜味細膩婉約之餘，卻也絲絲入扣，令人回味再三，可是「北義名蜜」。我還吃過來自菲律賓的綠色蜂蜜，蜜源植物不清楚，但與幾年前法國東部發生蜜蜂偷採 M&M'S 巧克力糖原料，而釀出藍色怪蜜，應不是同類事件。再說，純正的酪梨蜜之蜜色極深，近乎黑色，不知情者首次見到可能會滿臉狐疑，反觀台灣產的酪梨蜜顏色過淺，有多少酪梨花蜜源成分在內，令人懷疑。此外，一般而言，蜜色愈深，有益人體的抗氧化性就愈強。

　　地域之別也會造成同種蜜源的蜂蜜顏色出現差異：以北半球而言，氣候較涼爽的北部蜂蜜顏色會較南部來得淺，如台中龍眼蜜（未混到桐花蜜的情形下）的蜜色就淺於嘉義龍眼蜜，嘉義的又淺於高雄的；再如鴨腳木蜂蜜，北縣雙溪與五股的蜜色淺於桃園（接近新竹）所採，桃園的又不如香港新界附近的色澤來得深。

品蜜之道

　　品嘗蜂蜜時，假若能掌握一些知識與技巧，便可能辨其真偽，既增添品蜜之趣，也進而促使蜂農或廠商對其蜜品精益求精。

觀色：蜂蜜色澤多變，取決於其所含花粉色素和礦物質含量，從水白色、深琥珀到近乎黑色不等。例如：荔枝蜜、柑橘蜜、椴樹蜜、洋槐蜜等為水白色、白色、淺琥珀色；油菜蜜、葵花蜜、迷迭香蜜等為黃色、淺琥珀色、琥珀色；蕎麥蜜、麥蘆卡蜜等由於礦物質含量高，為深琥珀色，尤其鐵元素含量愈高，其色愈深。甘露蜜甚至會在蜜緣輕泛綠光。此外，蜂蜜結晶則顏色變淺，久置則蜜色加深，高溫加熱濃縮的蜂蜜色澤也轉深。如是摻入果糖的「合成蜜」或純粹糖漿假蜜，反而不易結晶。在燻蜂取蜜時，若以報紙類為燃料，而後又篩濾欠佳，則會有細小煙屑殘留蜜中，影響色澤。

紐西蘭（如圖）或是墨西哥的酪梨蜂蜜顏色都偏深，如蜜色過淺，可能表示酪梨的蜜源純度不高。

「土蜂枇杷蜜」，指養殖的中華蜜蜂所採的枇杷冬蜜（攝於中國黃山市歙縣綿潭村）。

義大利西北部阿奧斯達谷地（Valle d'Aosta）每年 10 月都會舉辦蜂蜜節（Sagra del Miele）。

嗅聞：純正新鮮的蜂蜜氣味明顯，單一花種蜂蜜通常具有與蜜源植物花、果香一致的主導氣味（有少數例外，如樹莓蜂蜜），隨之或有其他幽微繁複的衍生馨香，而無不良雜味。例如椴樹蜜就應有類似薄荷的經典香氣，而蕎麥蜜則有蕎麥花的臭青味（日本蕎麥蜜於我竟有馬廄氣息，不討我厭；然而，一人一興味，擁護與厭惡者兼而有之）。陳放數年且儲存條件欠佳或加工受熱的蜂蜜氣味會轉弱，花香特徵不明顯。以白糖、果糖或玉米糖漿熬製的假蜜則無花香氣味（除非添加香精）。

口嘗：以小匙將蜂蜜置於舌尖上，然後以舌尖抵住上顎，合嘴，讓蜂蜜慢慢溶化，細品其味與質感，再徐徐嚥下。最後，輕吸一口氣入喉，再將其由喉部向鼻後腔緩緩送氣，體會其餘味。純正優質蜂蜜，其味甜潤，有微微酸，口感綿柔細膩、爽口柔和，喉感有時略有輕微麻刺感，尾韻清雅香馥，悠長持久。假蜜死甜，喉感差，尾韻短而薄，特色不明顯。鑑別結晶蜜（呈結晶狀的蜜）時，純蜂蜜晶體入口即化，摻糖蜜結晶則不易溶化。

拉絲：如品嘗葡萄酒時的「晃杯」，拉絲可測出蜂蜜的濃稠度（與蜜的真假無關）。作法是將筷子插入蜜中再垂直提出，蜜愈濃，淌下流速愈慢，且黏性大可拉成絲。不過，不同蜜源植物的成蜜流速不太一樣，如洋槐蜜就比龍眼蜜為稀，所以應以同一蜜種來評比其拉絲狀態。

手捻：這是用以鑑別結晶蜜的質量。取少許結晶蜜置於拇指與食指間搓捻，如是純正結晶蜜，則搓捻時手感細膩無砂粒感，且能夠捻化結晶粒；如是摻糖結晶蜜，則有粗劣砂粒觸感，也不易搓碎捻化（但真蜜若結晶速度較慢，晶體也會較粗）。

何謂 HMF

　　蜂蜜專家口中的 HMF 究竟是甚麼？當蜂蜜經過不當加熱濃縮、存放條件不佳（溫度過高），或是蜂蜜產出後經長期儲存，則蜜中的還原糖（包括葡萄糖和果糖，尤其是後者）就會脫水、褐變，而產生羥甲基糠醛（Hydroxymethylfurfural，簡稱 HMF），這種化學反應過程即是梅納反應（Maillard reaction）。HMF 在蜜中的含量因此被用來當作蜂蜜新鮮度的鑑別指標。鮮蜜中的 HMF 含量很低，一般每公斤不超過 10mg；若含量過高，經常性食用將有礙人體健康。蜂蜜在不當環境放置多年後，HMF 鐵定飆高，除了會讓蜜色似醬油（褐變），還帶微微苦韻，因此除了用來當中藥藥引（多用老蜜），還是建議趁鮮食用。

濃縮為必要之惡？

　　一般由蜜蜂釀製成熟、封上蜜蓋之「熟蜜」，其水分均低於 20%，也是國際上的標準，當然這是以西方蜜蜂在歐美國家的表現而言；台灣因溼度較高，即便是義大利蜂的封蓋蜜有時都可能超過 20%（再高約 1 ～ 2%），但在台灣正常氣候下，封蓋之後還是可達 19 ～ 20% 左右水準（歐美氣候乾燥，蜜中含水量 16 ～ 18% 實屬常態）。若產蜜者是中蜂（台灣

台灣東北角的森林蜜擺放冰箱一段時間後，已成結晶狀。

與中國也稱野蜂、土蜂），則即便封蓋，蜜中濕度還是常在21～23％之譜。單從數字來看，雖不符合國際主流標準，但筆者認為，只要是經蜜蜂自行封蓋未經人為處理的，都是好蜜。

問題在於台灣職業蜂農產製熟蜜者極少。為求快，通常將未封蓋之前的「水蜜」以搖蜜機離心搖出巢中蜜，然後以濃縮機加溫濃縮至溼度20％以下。若濃縮溫度過高，則會破壞蜜中各種活性酵素與細膩風味，不但會出現焦糖味，還會提高HMF數值。早期台灣濃縮廠（第一代使用的是滾筒式濃縮機）的濃縮溫度約為攝氏70度，後來逐漸調低為目前主流的55度左右。現在雖有真空低溫濃縮機（原設計給濃縮中藥使用）出現，可將濃縮溫度大幅降低，但濃縮廠多還是設在約45度左右。我認為最理想狀態是完全不濃縮，否則溫度不宜超過40度（正常狀態下，蜂巢裡的蜜脾溫度不會超過此限）。

濃縮廠業者之所以不願再降溫，也與時效（溫度越低，耗時愈長）和蜂農所願意付出的每桶濃縮金額有關。業界所指的一桶（台語俗稱「一粒」），是指可裝300公斤蜂蜜的金屬桶（鐵桶久了易溶出鐵質，不鏽鋼桶最佳，但價格多出數倍）。目前濃縮一桶的行情價大約是台幣800元。收蜜季時（如春天大流蜜時期）由於太多蜂蜜等待進廠濃縮，廠方會要求蜂農預約和進行排程，才不會造成「風味汙染」（前一批濃縮荔枝或咸豐草蜜混到後批要參加比賽的龍眼蜜）以及「抗生素汙染」（後一位受到前一位含有抗生素殘留的蜂蜜汙染）。此時，就需要填「濃縮紀錄表」來追蹤，為保護聲譽，濃縮廠方也需要選擇較為誠實（不濫用抗生素）的客戶，不然就必須以大量清水洗淨濃縮槽和管壁，但如此也會浪費後一位客戶約50台斤的蜂蜜，因為蜂蜜會沾黏在槽壁與管壁上。

台灣養蜂協會每年都會舉行「全國國產蜂蜜品質評鑑」，針對龍眼蜜評鑑出「特等獎」與次之的「頭等獎」。蜂農若要參加此項評鑑與「國產蜂產品證明標章」，都必須繳交由濃縮業者填寫再交還蜂農的濃縮紀錄表。

「國產蜂產品證明標章」的申請單上寫明，濃縮紀錄表為申請協會證明標章必備文件，還註明了濃縮溫度建議值——溫度小於攝氏55度，濃縮後水分小於20％。至於「全國國產蜂蜜品質評鑑」報名表上的注意事項裡，宣明報名時必須繳交填寫完整之「蜂蜜濃縮紀錄表」（最遲於採樣時併同繳交）。由以上可知，該協會

所推薦的「好蜜」與得獎蜜，基本上都經過濃縮。苗栗農改場（隸屬農委會）的養蜂課堂上，教師也都不諱言：「等封蓋太麻煩，還要割蜜蓋！」筆者對國產蜂蜜信心不大，其來有自。

在競賽中脫穎而出者固然品質有一定保障（如無藥殘），倘若你認為未經加溫濃縮的才是好蜜，則也不必太仰賴此類評比。

何謂冷萃

法國品牌蜂蜜上標示的「Extrait à froid」，以及澳洲黑莓蜂蜜罐上標的「Cold extracted」字樣，代表何意？其實翻成中文就是「冷萃」，但這並無法規上的嚴謹定義。

自己也擁有蜂箱的法國蜜商馬利家族（Famille Mary）受訪時表示，他們不會將經由離心分蜜機（台灣稱搖蜜機）所甩出的蜂蜜加熱，讓某些種類的蜂蜜獲得長時間維持液態絲滑的口感，以求獲得部分消費者喜愛。因此，冷萃基本上就是指「採蜜與罐裝過程不加熱處理」。不過，歐美若有部分蜂農或廠商將蜂蜜加熱，主要是追求口感絲滑宜人，不像台灣，加熱的目的是藉增溫濃縮以去除水分（歐美都收封蓋熟蜜）。另一個歐美會將蜂蜜加熱的情形，是因當地天氣寒冷乾燥，蜂蜜在 300 公升的不鏽鋼桶裡放置一陣子後，多呈結晶狀，不易倒出分裝，因此必須稍微加熱桶壁，好讓蜂蜜得以流出。但不管是為求口感維持液態或是以利裝罐，歐美地區的加熱溫度都只到攝氏 40 度，而非動輒長時間加熱超過 50 度。

另一位法國養蜂人在網路上解釋所謂的「冷萃」：「被切除的蜜蓋上還有少部分蜂蜜黏存，有些蜂農會將其加熱成液狀，此時重量較輕的蜂蠟會浮在表面，可輕易將蠟質撈起，再將剩下被加熱過的蜂蜜添回正常未加熱蜂蜜後，裝瓶出售……」這位養蜂人強調他的蜂蜜都是冷萃處理，不會採取上述加熱蜜蓋的拙劣手法。

繼箱與平箱

歐美常使用層疊的「郎式蜂箱」（Langstroth Hive），即是多層的「繼箱」——最下層是巢箱（蜜蜂居住與育幼之處），其上放置一片僅容工蜂大小通過的格狀「隔王版」，使蜂后無法上去繼箱產卵。當下層巢箱無多餘空間時，工蜂自然會將蜂蜜往隔王版之上的繼箱存放。外界蜜源愈多，可以往上堆給蜜蜂存蜜的繼箱就可以放置愈多個，蜂農的收穫也更多。

因為使用繼箱，空間不虞匱乏，因此不需急著把未封蓋的未成熟水蜜搖出，也可讓蜜蜂好整以暇地扇翅釀蜜，等成為熟蜜再來取出。反觀台灣蜂農多用單層蜂箱（一般稱平箱），子脾（卵、幼蟲和蛹的巢房）和蜜脾（存蜜的巢房）同在一單箱內，如不搖出水蜜，蜜蜂採回花蜜會無處可擺，或是形成「蜜壓子」（上方的蜜脾過大，其下子脾範圍被限縮，蜂后無法產卵擴大蜂勢）的情況，蜂農如不介入處理，則易發生分蜂。

為何台灣蜂農不愛用繼箱？首要原因是山林地帶多，不適合利用大貨車、大拖車載運蜂

箱；其次是多數養蜂戶規模都很小（通常是夫妻檔），買不起堆高機移動極為沉重的繼箱式蜂箱。台灣使用繼箱養蜂者不多，且多採定點養蜂，極少數才會移動繼箱（需要兩人一組才搬得動）；有位使用繼箱的養蜂人為乾脆自製略小一號的繼箱，以方便移動繼箱，也較不會傷害腰椎。

　　另一個職業蜂農不愛繼箱的原因在於，台灣早期以出口蜂王乳為主力，而蜂王乳採集用的人工王台（王杯）的位置都在最底層的巢箱，如果使用繼箱，採集時就需上下搬動蜂箱，非常費時耗力（歐美先進國家因人工昂貴，很少採蜂王乳）。台灣的養蜂及採蜂王乳技術皆出自日本，當時日本人是蜂王乳的大宗採購者，但日本人工價昂無法自行生產，才將技術傳給當時相對較落後的台灣，也許因此，當初傳授的養蜂方式便以平箱為根基，好方便獲取蜂王乳。

結晶蜜是壞蜜？

　　許多消費者以為蜂蜜結晶就是變質，其實這乃正常不過的現象，並非只有流質狀的龍眼蜜才是正統。如前所述，蜂蜜主要成分為葡萄糖以及果糖，如蜜裡的葡萄糖比例偏高（如油菜花蜜），即容易結晶；相反地，如果蜜裡的果糖比例較高（如龍眼蜜），便不會結晶，就像即便把市售果糖置入冰箱冷藏一年，也不會有結晶現象。技術性的說法是：果糖與對於葡萄糖的比例（果糖 ÷ 葡萄糖）若超過 1.4，蜂蜜比較不容易結晶，若比值趨近 1 則容易結晶（向日葵蜂蜜的「果葡比」是 0.8，非常容易結晶）。

　　其實，大多數的蜂蜜都會結晶，這是物質從液態變為固態時可能發生的物理現象，其營養成分並無發生變化。實際的發生過程是：蜂蜜中的葡萄糖結晶核逐漸增大形成結晶粒，並緩慢向下沉降。剛由搖蜜機分離出來的蜜色清澈，正開始結晶的蜜會產生略濁的情形，結晶過程進行一半時，濁度會更加明顯。若結晶核數量多且密集，且結晶過程很快全面展開，蜜的質地呈油脂狀；結晶核數量不多，但結晶速度快，就呈細粒結晶；結晶核數量少，結晶速度又慢時，就會形成粗粒或塊狀結晶。結晶快慢取決於幾個因素：

溫度：蜂蜜結晶最佳溫度介於攝氏 13 ～ 14 度之間；當溫度低於此範圍（比如放冰箱冷藏），蜜的稠度變大，降低了結晶核擴散速度，結晶速度趨緩；溫度升高時，雖稠滯度降低，但糖的溶解度卻提高，進而減少溶液的過飽和程度，也會讓結晶變慢；溫度若超過攝氏 27 度，結晶不易形成；溫度超過攝氏 40 度，結晶蜜會融化成液態；溫度低於零度（如放冷凍庫），蜜的稠度過大，也不結晶。

蜂蜜水含量：未成熟的水蜜含水量多，結晶速度慢或無法完全結晶，此時結晶的葡萄糖沉到底部，使較稀且含水量較多的糖液浮在上面，這種部分結晶蜜很容易發酵變質。

蜜源植物：含葡萄糖、蔗糖多的蜂蜜容易結晶（如油菜花蜜、向日葵蜜、鴨腳木蜜）；含果糖、

糊精多的蜜則不易結晶（如龍眼蜜、紅淡蜜、洋槐蜜、酸棗蜜、小花蔓澤蘭蜜）。

　　然而，也會有消費者發現購來的龍眼蜜竟然結晶了，這常是因為裡頭混雜了一些荔枝蜜。台灣荔枝蜜的採收期在前，接著是龍眼蜜的採收，如果蜂巢裡的荔枝前蜜未清，即讓蜂兒採龍眼花蜜，則容易結晶的荔枝蜜「晶種」會混到龍眼蜜，此混種蜜（有人稱為「荔龍蜜」）便容易發生結晶現象。不過，這並無損於「混雜蜜」的品質，只要是天然蜂蜜，便是好蜜。通常若單一蜜源的比例未超過 70％，一般是不會以單一蜜種的名稱標示，然而但這並無法規管制。

　　除了流質蜜、結晶蜜兩種狀態，國外還流行乳脂蜜（Cream honey），呈現綿稠膏滑的蜂蜜口感。其作法是將容易結晶的蜂蜜以低溫（約攝氏14度）慢速攪拌，切斷蜜中結晶鍊結，重複拌成乳脂狀，嘗來脂潤綿滑，在歐美國家頗受歡迎，在塗麵包或可頌時，更勝一籌（一般結晶蜜有時晶體過大會結成球塊狀，不易抹食）。在乳脂蜜的製程裡，若該蜜不易結晶或結晶質地偏粗，廠家會添加少量結晶質地細密的蜂蜜（如油菜花蜜）為「晶種」，再重複相同攪拌步驟即可。

◉ Sucres (% matière fraîche)

Monosaccharides

Fructose	**33,92**	± 3,32
Glucose	**27,11**	± 2,14
Fructose/Glucose	**1,25**	

2011 年分巴黎蜂蜜經過分析，其果糖與葡萄糖
比例為 1.25，估計會結晶，但速度較緩。

認識蜜相分離（Séparation de phase）

　　當一罐蜂蜜分成兩層，上層顏色較深且呈液狀，下層蜜色通常偏淡且呈結晶狀（結晶後因晶體反射，顏色看來轉淡一些），此種現象稱為蜜相分離，相信不少讀者遇過，但不明瞭所以然。

　　蜜相分離的起因在於蜂蜜本身的不穩定狀態，此不穩定源於水分與糖分的比例，通常蜜中水分超過 17％，便容易有此現象發生。一罐糖分過度飽和的蜂蜜自然會結晶，此時穩定整罐蜂蜜的糖分與水分的關鍵便是氫鍵，若水分相對於糖分來說過高，則鍊結便崩壞；一如海灘所堆沙堡，水分過多（相對於沙子），則城堡終會癱軟倒塌）。接下來的重力，會讓比重較大的結晶蜜往下緩沉，而緩升到上層的則是水分較高的蜜液。這樣的蜜，不僅口感欠佳，也容易發酵。若僅以湯匙攪拌，蜜相分離現象只會暫時解除，不久又會恢復原狀。加熱可能可讓整體蜂

台北市盛開的白千層花，
蜜味特殊。

左邊是把純蜂蠟巢礎裝嵌在巢
框之內，用以固定的是不鏽鋼
絲，較為衛生；右邊使用鐵絲，
久用生鏽，衛生堪慮。

整塊切裝的才是正統的蜂巢蜜。

蜜恢復液狀，但會損及品質（一如台灣濃縮水蜜會降低蜜質）。

有幾個方法可以降低蜜相分離產生的機率（主要針對生產者而言）：在乾燥室內（可開除濕機）採收完全封蓋熟蜜，若該蜜屬於不易結晶的蜜種，則最好維持它的液體狀態，作法是在結晶前就以微溫（攝氏40度）預熱蜂蜜，避掉初期結晶核出現，則蜂蜜可長時間維持液態，且因加熱溫度不高，不致明顯影響蜂蜜品質；若該蜜屬於容易結晶的蜜種，則可添一些結晶核數量多的蜂蜜當作晶種，並維持廠內作業室溫在攝氏14度，使其快速結晶，可相當程度避去蜜相分離。

若真的遇到蜜相分離的蜂蜜，要不盡快食用，要不拿去入菜、泡咖啡也行，千萬不要再放。

認識頭期蜜（洗脾蜜）

冬季蜜源植物缺乏時，若蜜蜂自釀的蜂蜜存糧不足（也有可能是蜂農取蜜過多），則蜂農必須飼餵糖水以協助蜂群越冬，但蜂兒除自用，也會將糖水轉化為「蜂蜜」存入蜜脾；然而此種「蜂蜜」非釀自天然蜜源植物，基本上無風味、無花粉，營養成分也不佳，即便存有淡薄風味，也是因為混到秋季未吃完的殘蜜。冬天過後，春季準備採收「正牌商業販售蜜」之前，通常蜂農必須將這種頭期的次級蜜搖出，不能在市面上販售。

蜂農有兩種廢物利用這俗稱「頭期蜜」的方法：一是拿來製作蜂糧花粉餅，壯大蜂群大軍，以利之後採蜜，但須注意搖出的頭期蜜有無感染美洲幼蟲病之類的病菌，否則製成的花粉餅會感染其他蜂群；二是拿來釀製蜂蜜醋、蜂蜜水果酵素等自用或販售。

台灣生蜜與歐美裸蜜

歐美國家的某些蜂農會標榜自己只販售「raw honey」，字面可以直譯為「生蜜」，但這麼翻譯會與台灣的用法相衝突，因為台灣版的生蜜完全是另一回事。

《自由時報》在2016年六月刊有一篇〈歷來最慘，蜂蜜銳減七成〉的報導，該文最後一段指出，台灣養蜂協會理事長江順良（報導錯寫成江順泉）說：「今年生蜜含水量較高，濃縮後量會更少，零售價恐會飆更高。」原來台灣的生蜜指的是「未

經封蓋的水蜜」，而歐美的生蜜則是「經蜜蜂天然封蓋但未經加熱處理的蜂蜜」。或許應將 raw honey 譯作「裸蜜」，既貼切又不會令人混淆。

何謂巢礎

巢礎（人工製作的蜜蜂巢房房基），是十九世紀中葉伴隨平面巢礎壓印器的發明而出現，它與活框蜂箱（如郎式蜂箱）配套使用，是使現代商業養蜂成為可能不可或缺的蜂具。對蜂蜜品質而言，最佳的巢礎是採純天然蜂蠟製作，次一級的則會添加石蠟（硬度較佳好操作，不易破裂），現在也有塑料巢礎出現（最好確認買到的是無毒塑料）。

使用時，將巢礎片嵌裝在巢框（蜂框）中，工蜂會以其為基礎泌蠟，將房壁加高，以形成完整巢脾。採用巢礎的優點是，減少蜂蜜消耗（蜜蜂必須吃蜜才有能量泌蠟），蜜蜂造脾迅速，且所造巢脾非常平整（有利於蜂群飼養管理與採蜜）。

巢礎依照蜂種來分，有義蜂巢礎和中蜂巢礎（中蜂巢房孔徑略小些）兩種；按照適用的蜂型來分，則分工蜂巢礎和雄蜂巢礎。其中工蜂巢礎還分薄型巢礎、普通巢礎、深房巢礎和塑料巢礎等等。

蜂巢蜜的定義

雖然第一章已介紹過蜂巢蜜（honeycomb；comb honey），但由於市面上出現魚目混珠的商品，有必要再詳論蜂巢蜜的定義。

首先，一罐蜂蜜裡有幾小塊蜂巢的蜂蜜不能稱為「蜂巢蜜」，應稱為「添加蜂巢碎塊蜂蜜」。歐美有添加一大塊蜜脾（佔該商品容積至少 50％）到蜜罐的商品，台灣產的則多是添加小小蜜脾塊，並且許多蜜脾只有部分封蓋，這是屬於次級品；這類小塊都是蜜蜂築在蜂框之上以及頂蓋之下的「贅脾」（台灣蜂界又稱「違章建築」，使用繼箱者則較少此情形），而較細心、重品質的生產者，應該取全封蓋蜂巢置入商品罐內。

再來，台灣最近有蜂農買入中國製塑料盒具用以生產蜂巢蜜，這四方塑膠盒裡嵌有一塑膠巢礎片，這真是前所未見的「新式蜂巢蜜」，簡直把塑膠放在嘴裡咬。誠然多數巢蜜的蠟質通常過於厚實，一般人食用時多當口香糖咬咬，吸出蜂蜜後便把蜂蠟吐掉，但有些國家在當地風土的某些年分，的確可以產出蠟質鬆薄的蜂巢蜜（如

常用的蜜罐材質有塑膠和玻璃兩種，後者較佳。

塔斯馬尼亞某品牌的皮革木蜂巢蜜），食用蜂蜜時可直接吞下內含的蜂蠟（純蜂蠟吃下無礙健康）。

接著我們來看看歐盟對蜂巢蜜的定義：「蜂巢蜜指蜜蜂儲存在新築的無蜂子巢脾或以純蜂蠟巢礎建成的巢脾裡的蜂蜜……」可見優質的蜂巢蜜裡，是不會出現塑膠巢礎的，因此建議讀者購買蜂巢蜜前，應查明該巢礎是塑料的還是純天然蜂蠟材質。

蜜味與時間

筆者建議蜂蜜趁鮮吃（放置涼爽乾燥處，兩年內吃畢），但若您放超過一段時間，會發現熟成封蓋蜜會隨時間增加，在風味上有些轉變；但就如同葡萄酒是「活的飲料」，蜜味的變化其實難以預測，卻也增加品蜜之趣。比如北縣雙溪的鴨腳木蜂蜜，剛採收時苦韻即很明顯（微苦），然五股山區的鴨腳木蜜剛收蜜裝罐時苦味雖不明顯，但放在攝氏 17 度電子酒櫃 7 個月後再嘗，苦味突出，我心想：「鴨腳木蜜，無誤。」

剛採收不久的白千層蜂蜜最經典的特色是燒番薯、蜜漬番薯味，其附隨的焦糖味在五、六個月之後會轉為較雅致一些的紅糖氣韻。蜂友回報，台南的白千層有「死老鼠味」，我的新發現則是，日月潭附近的所採的白千層蜜初始就是番薯味，但放在電子酒櫃 8 個月後再啖，竟然出現奇特的蔭瓜鹹香與日式海苔醬氣息，怪哉，但重複在口中多嘗幾次，則慢慢懂得欣賞其類似「將鹽之花灑在森永牛奶糖上」的滋味，或許白千層蜜就該趁早吃掉作罷。

另一怪蜜是北台灣的紅楠樹蜂蜜，通常蜂農簡大哥並不收此蜜，而是留給蜂吃，壯大蜂群，以備六月採招牌的森氏紅淡比蜂蜜（紅淡蜜），然而在我央求下，他特留兩瓶給我試試純紅楠樹蜂蜜的滋味。此蜜初採時帶有一絲焚燒輪胎的氣味，但放置冰箱逾 3 個月後，卻愈來愈可口——入口糕滑綿潤似啖棗泥豆沙餡，帶一絲鹹香，中段有適口酸度揚升至尾，增加口感立體性，尾韻帶有可樂、燒仙草與普羅旺斯香料束……並且以之替冰黑咖啡調味（可用雪克杯），具有風味上的高契合度。

筆者「口感好球帶」相當寬，但唯一在存放一年且整罐吃完後還是不甚喜歡的蜂蜜，是小花蔓澤蘭蜂蜜——縈繞不去的燒輪胎氣味，從始至終。附帶一提，此蔓澤蘭蜜是台灣慣行加溫濃縮蜜，故而筆者暫且假設，唯有自然熟成的封蓋蜜，才具有風味上與時俱進的顯著變化。

蜂蜜的存放

這答案與您所處的地理位置、蜂種以及吃蜜習慣有關。您若在溫帶歐洲，問人蜂蜜要不要放冰箱，他們大概會覺得你這問題很奇怪；實情是，歐洲的年平均室溫大約是 18 ～ 20 度，溫和涼爽，人住得舒服，蜂蜜也就隨便擱著，幾個月內吃完大都沒問題，因而不會有此提問。歐洲蜂蜜當然都是由西洋蜜蜂所釀，由於蜂種特性以及氣候乾燥之故，封蓋蜜水分都一定在20%以下，且許多結晶蜜的水分更低到 16 ～ 17%，蜂蜜保存上不必太掛心。

同樣的問題，台灣的職業蜂農都會回答：「蜂蜜不必放冰箱。」他們如此回答，非因台灣

蜂農都採用義大利蜂（西方蜜蜂亞種之一），而是他們的蜂蜜都經過加溫濃縮到 20％ 以下，蜜中的酵母菌和酵素幾乎全被消滅殆盡，自然在室溫下也不會發酵。然而即便是這樣的蜜，若已開罐且四季更迭還吃不完，在亞熱帶台灣的室溫下非常可能發酵變質；如果您是蜂蜜的「慢食者」，建議乾脆放冰箱；若蜂蜜結晶，就挖來直接食用或塗麵包。

　　另外，台灣雖有少數野蜂養殖者，產量過少，根本無法成桶送去濃縮廠加溫濃縮，所以多採成熟蜂蓋蜜，然而前文曾經提及，野蜂蜜即便封蓋，蜜中濕度常在 21 ～ 23％ 之間，擺在台灣夏天室溫下，不到幾天便會冒泡發酵了。所以如果有機會買到野蜂蜜，還是建議保存在冰箱，盡快食完。要注意的是，台灣所謂的野蜂蜜，通常是指養殖的野蜂（中蜂）所釀的蜜，而非野外採集來的「野蜜」。

正本清源

　　台灣有些蜜罐上雖然標示為「某蜂蜜」，卻名實不符，倒不是生產者刻意欺騙，而是許多蜂農實際上並不清楚蜜蜂所採的真正蜜源植物或學名，也常因俗稱而指鹿為馬，進而造成非惡意的混淆視聽。

　　以市面上買得到的桂花蜜為例，其實蜜蜂並不採桂花（筆者與一位養蜂高手皆從未看過蜜蜂在桂花上採蜜），因為我們一般所指的桂花（Osmanthus fragrans）是木樨科木樨屬，並無花蜜可採，蜜蜂會採的是山茶科柃木屬的柃木（Eurya japonica），而柃木又俗稱「山桂花」或「野桂花」，蜂農或因此而將其產品名為桂花蜜，但實際上絕對是兩種不同科的植物，筆者認為有必要加以正名為「柃木蜂蜜」，若有行銷上的考量，可以在背標註明「野桂花蜂蜜」。

　　接下來談談令人頭大的紅柴蜂蜜。基本上，台灣各區看到枝幹呈紅色的樹都稱其為「紅柴」，而蜜蜂採其花蜜所釀的則為「紅柴蜜」。然而，筆者仔細打破砂鍋問到底後，發現各家口中紅柴蜂蜜的蜜源植物根本不一樣，而蜂農們渾然不覺。首先，中部地區紅柴蜜的蜜源植物，其實是茶科厚皮香屬的厚皮香（Ternstroemia gymnanthera），而南部地區蜂農所採紅柴蜜的蜜源，則是楝科樹蘭屬的台灣樹蘭（Aglaia formosana）。桃園地區也有老一輩蜂農將茜草科水錦樹屬的水錦樹（Wendlandia tinctoria sp. Intermedia）稱為「紅柴」，東部甚至有蜂農將厚皮香蜂蜜、紅柴蜜與紅淡蜜全部畫上等號。事實上，目前北部所稱的「紅淡蜜」是「森式紅淡比蜂蜜」的簡稱，而茶科紅淡比屬的森式紅淡比（Cleyera japonica Thunb. var. morii）主要生長在台灣北部山區，也只有野蜂會採（義蜂不採或採不到）。

　　以上被各地區蜂農稱為紅柴的植物們（厚皮香、台灣樹蘭、水錦樹、森式紅淡比），其實全是不同屬、不同種的植物，這四種蜜我都有幸嘗過，其中厚皮香蜂蜜與台灣樹蘭蜂蜜的風味有點近似。希望各蜜源植物都能獲得尊重，有被標上蜜罐的機會。

有機蜂蜜

　　台灣地域狹小，農作物分散各地，加上我們無法控制蜜蜂只採有機植物，故很難出現有機蜂蜜。然而這類蜂蜜確實存在，甚至有認證。以歐洲權威認證機構 Ecocert（簡稱 ECO）的規

定而言，有機蜂蜜蜜源採集地點的半徑 3 公里內，只能是有機生態或可種有機農作物，然而風吹所可能帶來的農藥影響卻無法管制。其實蜂蜜裡的農藥殘留量極微，因為中毒的蜜蜂都死在巢外，故對人體影響甚小，但對蜜蜂卻極危險。

　　以法國的有機認證來說，有機蜂蜜主要指養蜂手法（如餵食蜂糧以及治療蜂蟎等）有機，卻並未也難以控制蜂兒所採的蜜源必須來自有機種植或自然生態，故消費者雖可依照有機標章買蜜（目前法國只有 2％的蜂蜜被標為有機），但也不必太迷信。貼上有機也未必是蜜質最佳保證，比如未搖掉頭期蜜，或是蜂蜜經過加溫濃縮等。此外，台灣至今尚未訂定有機養蜂規範，故即便台灣產的蜂蜜取得國外有機認證，也不能在台灣市場宣稱有機。

紐西蘭南島北邊的阿瓦提爾谷地（Awatere Valley）除了葡萄酒，高地上也有蜂農養蜂，以繼箱堆疊的高度來看，附近蜜源豐富（各式高山小野花）

標籤上的「Extrait à froid」及瓶蓋上的「Cold extracted」都是「冷萃蜂蜜」之意。

絕大多數台灣蜂農採平箱（單箱）養殖。

歐美紐澳的養蜂規模較大，多以起重機鏟起層疊繼箱上大拖車，省時省力。

稀有蜜種──水蜜桃、蘋果與櫻桃

若見到有商家販售台灣產的水蜜桃蜜、蘋果蜜或是櫻花蜂蜜，務必當心有假（加香精），或是其蜜源純度要大打折扣（可能混很多咸豐草花蜜）。雖然中部梨山地區的溫帶果樹是一豐足蜜源，但因果樹的花期與荔枝、龍眼重疊，甚少蜂農願意長途跋涉移蜂上山，況且喜愛溫暖、飛行工作溫度至少攝氏 14 度的義大利蜂也可能無法適應高山環境，除非是當地少數果農自養野蜂（中蜂）群，然而這樣小規模產出的蜜，通常不會流通至市區店面。農林廳曾於民國 66 年起推廣梨山養蜂計畫，並試行採蜜成功，然移往山區的蜂農為數極少。筆者嗜蜜多年，水蜜桃蜜還從未見過，但是日本以及義大利的蘋果樹蜜、櫻桃樹蜂蜜（會結櫻桃的果樹）、櫻花蜜（日本觀賞櫻）倒是都吃過。

左／採自野生紅蘿蔔的有機蜂蜜（法國 AB 有機認證）。

右／法國郵局在 1979 年推出的蜜蜂主題紀念信封郵戳，右上角的一元法郎郵票寫明這是「西方蜜蜂」。

糖尿病與蜂蜜

網路上有醫生鼓吹「吃蜂蜜血糖不會升高」的錯誤陳述。事實上，吃進升糖指數（GI 指數；Glycemic index）較高的食物，血糖上升速度較快，反之，吃升糖指數低的食物，血糖上升速度則較慢。蜂蜜的升糖指數低於蔗糖，但高於果糖與阿斯巴甜之類的代糖，糖尿者吃蜜過多還是會有風險。重點在於，病人必須估量一天總攝取糖量不要超標（澱粉和碳水化合物也要算進去），在適量範圍內儘量以蜂蜜來取代。此外，攝取過多果糖會讓糖分囤積在肝臟形成脂肪肝，應盡量避免；代糖雖一點點就很甜，升糖指數也極低，但食用此類糖，大腦不會發出「已吃夠，已滿足」的訊息，所以會讓人一直想吃，無形中風險更高。

嬰兒與蜂蜜

多數人甚至醫生都建議，不要餵食一歲以下嬰兒蜂蜜，因為此齡幼兒的免疫系統尚未發展完全，而蜂蜜中可能含有少量肉毒桿菌，食之有中毒之疑慮。事實上，根據何鎧光博士與陳裕文博士所著的《神奇小蜜醫》，「蜂蜜具有顯著抗菌活性，僅少數耐糖性酵母菌可以在蜂蜜中生長，但蜂蜜的水分如低於 17.1%，則酵母菌亦無法生長發酵，因此，肉毒桿菌根本沒有機會在蜂蜜中增殖……」

Honey A ～ Z

身邊一群酒友愛以盲測（blind tasting，矇住酒標）來自我測試對不同葡萄品種葡萄酒的認識程度，寓教於樂中認識各款酒的變化與刁鑽。那麼，種類較之葡萄酒不遑多讓的蜂蜜呢？我們形容一事物繁多，在英文裡會說「從 A 到 Z」，其實蜂蜜的種類令人眼花撩亂也莫此為甚，如「A」酪梨蜜（Avocado honey）、「B」瀉鼠李蜜（Black alder honey）、「C」咖啡樹蜂蜜（Coffee tree honey）……直到「Z」節瓜蜂蜜（Zucchini honey）。所以，只要備好十幾款蜂蜜、一些小品匙以及礦泉水（氣泡水更可清爽味蕾），便可召集一干蜜友試蜜尋花，其樂無窮。

■■■ 第六章　蜂蜜判別與國家標準

「天然蜂蜜，不純砍頭！」讀者別忘了那句俗諺：「殺頭生意有人做，賠錢生意沒人幹。」蜂蜜摻假事件屢見不鮮，歐盟於 2013 年票選十大容易摻假食品，其中蜂蜜與楓糖漿名列第六，可見事態嚴重。

簡易蜜水檢定

真蜜加水後，經猛力搖晃（在手搖杯裡加冰塊手搖）會出現綿密持久的泡沫；若是結晶蜜，冰塊可選大顆一點，比較容易搖散結晶蜜。

除了第五章〈品蜜之道〉所指出的感官測定，還有一方法可以有限度但簡易地檢測蜂蜜真偽。取一透明玻璃水壺，內裝約四比一的水與蜜，劇烈搖晃後靜置。假若蜜水旋即清透無雜質、無起泡，或是泡沫粗少且不持久，則表示此蜜只是單純的果糖添摻色素、香料的假蜜，或是僅少部分為真蜜，大部分則為果糖、色素與香料（即所謂「調和蜜」）。若蜜水混濁有細微懸浮顆粒，且泡沫豐富持久不散（甚至可維持兩小時），則此蜜應是真品，因真蜜裡含有花粉粒（富含胺基酸與以維生素 C 為主的多種維生素）與澱粉酶，經搖晃會起綿密泡沫。

蜂蜜不僅只有甜味，裏頭其實含有許多有機酸，細品之下若能察覺或多或少的酸味，則為真蜜的可能性就很大，如北臺灣的森氏紅淡比蜂蜜非常酸香誘人；有些蜂蜜還帶鹹味，如澳洲袋鼠島的尤加利樹蜂蜜，若察覺到，是真蜜的可能性便增加；甚而有些還帶苦韻，如義大利樹莓蜂蜜。由於臺灣製作假蜜者往往以龍眼蜜為目標，而此蜜不酸、不苦、不鹹，無良商人當然也不會在蜜裡添酸加鹹（這也需要技巧與成本），因而蜜味特出者，往往反而是真蜜。

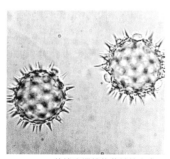

依據蜜源植物花粉的大小、形狀與數量多寡，可知此蜜是否為某樣特定蜜種（圖為向日葵花粉粒）。

添加香料、色素的假龍眼蜜口感滑溜，然風味欠缺深度，僅在前段有些滋味，中、後段闕如，嚥入喉，略帶滯膩感；新鮮正牌龍眼蜜則會「咬喉」（嚥入後喉後部會有輕微刺激感，一如新鮮初榨橄欖油）。坊間還流傳將蜂蜜滴在衛生紙上判別蜂蜜真偽的說法，但此土法只能判別蜂蜜裡的含水量高低，無法辨蜜之真假。另外，筆者也鼓勵讀者多多嘗試不同產地來源的好蜜（包括高檔超市的歐美蜂蜜），將嘴養刁，品味養高，口味養廣，也有助對蜜質的判斷。

花粉檢測

　　其實，花粉檢測一直是實驗室裡最穩當的檢驗方式，依據每種蜜源植物之花粉大小、形狀與數量多寡，可測知此蜜是否為某樣特定蜜種。然而，花粉檢測也不是毫無限制，花粉較少的蜜源植物如浦公英，由於蜂蜜裡花粉極少，檢測時須更嚴謹；另外如甘露蜜，裡頭可能完全無花粉，更是無從測起。不過，要檢測甘露蜜真假，還可驗其導電性，因為甘露蜜含多種礦物質。

用液相色層串聯質譜儀搭配碳 13 同位素比值技術，可檢測蜜中是否被添入 C-3 與 C-4 糖漿。

　　由於花粉裡約有 25% 成分為蛋白質，而各地區同一種蜜源植物蜂蜜的蛋白質含量又有所差別，因而還可據此當作「蜂蜜產地鑑定」的判準：如臺灣龍眼蜜每公克蜂蜜的蛋白質含量通常在 1 毫克以上，而泰國龍眼蜜每公克蜂蜜的蛋白質含量通常不到 1 毫克，故在超市裡所買的臺灣龍眼蜜，若被測出蛋白質含量遠小於臺灣應有平均水準，則可以合理懷疑此龍眼蜜或許來自泰國，或是用泰蜜混調台蜜而成。

蜂蜜的「CNS 1305 國家標準」與摻偽判據

　　臺灣政府對蜂蜜所設立的國家標準為「CNS 1305 國家標準」，經過第八次修訂後，經濟部標準檢驗局於 2016 年 6 月公布《CNS 1305:2016 國家標準》，指出「本標準適用於由蜜蜂採集釀造之蜂蜜，包含所有經濃縮最終用於直接食用的蜂蜜」，可知政府對於蜂蜜的濃縮並未禁止或管制，而濃縮蜂蜜也是臺灣業界常態。

　　在蜂蜜的＜一般要求 5.1 (a) ＞條例中還寫明「……不得有任何發酵或產生氣泡的現象……」，據此條件，則北臺灣的野蜂森氏紅淡比蜂蜜無法符合國家標準——水分含量略高，夏季常溫存放會起泡發酵。然而，此蜜卻是老饕愛蜜人心中極選，價格比一般市售蜂蜜至少貴一倍，且有錢不一定買得到。其實，只要將此蜜置放冰箱保存即可。

　　內文還指出，各種蜂蜜之成分應符合下表之規定。接著於備考中載明：「蜂蜜係天然產品，其成分受到蜜蜂種類、蜜源、產地、氣候、加工過程及儲存條件影響而有所變化，表 1 係提供業者產銷及消費者選用之參考，不宜以本表規範數值作為蜂蜜真偽鑑別之唯一依據。」此備考文字並未出現於前一版的《CNS 1305：2012》當中，其中最後一行「不宜以本表規範數值作為蜂蜜真偽鑑別之唯一依據」，最值得吾人注意。

CNS1305 蜂蜜成分表

成分項目	種類	
	蜂蜜	龍眼蜂蜜
水分含量（%）	20 以下	
蔗糖含量（%）[1]	5 以下	2 以下
糖類（果糖及葡萄糖）含量（%）[2]	60 以上	
水不溶物含量（%）	0.1 以下	
酸度（meq H+/1000g）[3]	50 以下	30 以下
澱粉酶活性（Schade unit）[4]	8 以上	
羥甲基糠醛含量（mg/kg）[5]	40 以下	30 以下

注 1　蜜露蜂蜜之蔗糖含量為 10% 以下。
注 2　蜜露蜂蜜及花蜜混合蜜露蜂蜜之糖類含量為 45% 以上。
注 3　meq H+，即是 milliequivalents acid（酸度的毫當量）。
注 4　蜂蜜的澱粉酶活性數值與存放時間長短成反比（放越久數值越低）。
注 5　羥甲基糠醛簡稱「HMF」（見第五章〈何謂 HMF〉），數值與存放時間長短成
　　　正比（放越久數值越高）。

　　消基會曾於 2015 年 1 月 14 日發布 30 件市售蜂蜜抽驗結果，並在新聞稿指出，14 件龍眼蜂蜜僅有 6 件符合「CNS 1305 國家標準」，不符合率 57%；16 件其他種類蜂蜜則有 10 件符合「CNS 1305 國家標準」，不符合率 38%，有摻偽造假之嫌。然而，若從「CNS 1305 國家標準」標準來看，水分含量、蔗糖含量、糖類含量、水不溶物含量、酸度、澱粉酶活性以及羥甲基糠醛含量這 7 項指標，係列於條例〈5. 品質〉之下的〈5.2 成分〉項下，故「CNS 1305 國家標準」所要求之檢驗項目實為「蜜質標準」，而非「摻偽判據」。

　　依據國際食品法典委員會（Codex Alimentarius Commission，簡稱 CAC 或 Codex）所明定：以外源性糖類添加，作為蜂蜜真實性判定準則。測定方法則是「穩定同位素比值分析」（SCIRA，又稱「碳同位素檢驗」），以針對蜂蜜中 C-4 植物型糖類添加與否，進行判定。

　　蜂蜜是由蜜蜂採集 C-3 植物的花蜜或蜜露，混合自身特殊物質進行轉化、儲存、脫水、熟成等一連串過程而得，而 C-3 植物中 ^{13}C 與 ^{12}C 的同位素比值與 C-4 植物（如甘蔗、玉米等）並不相同，因而可利用穩定碳 13 同位素比值的結果，來檢驗蜂蜜是否額外添加了 C-4 植物型糖類（如蔗糖、玉米糖漿等）。然而宜蘭大學陳裕文教授發現，碳 13 同位素比值技術只能鑑定蜂蜜是否摻入甘蔗、玉米等 C-4 植物糖漿，卻無法驗出不肖業者改而混摻大米或樹薯澱粉等 C-3 植物糖漿，藉以規避碳 13 同位素檢驗，不過陳教授與駱錫能教授已從 C-3 糖漿發現一種特殊標誌物，可利用精密的液相色層串聯質譜儀，建立檢測蜂蜜中是否摻入 C-3 糖漿的新技術，此時只要搭配既有的碳 13 同位素比值技術，便可全面檢測蜜中是否被添入 C-3 與 C-4 糖漿，讓不肖業者無所遁形。

東抄西刪，疊床架屋

2015 年 11 月，台北市衛生局稽查 15 件市售標榜「純」、「天然」的蜂蜜，發現有 3 件經碳同位素檢驗，有摻糖、不純之情形，另有 3 件不符合「CNS 1305 國家標準」。

先看摻糖假蜜案例：其中 2 件是臺灣本土產蜂蜜（騰茂科技的野生草本蜂蜜、盛隆軒企業的嚴選野生純蜂蜜），另一件是泰國蜂蜜（富元食品的皇蜂牌蜂蜜）。這共 3 款問題蜜都未能通過「碳同位素檢驗‧C-4 型植物糖含量百分比檢測」（C4-sugar ≤ 7% 為真蜜），數值大大超標（分別是 32.43%、18.99%、16.53%），作假毫無疑問。

然而，其他 3 件不符合「CNS 1305 國家標準」的案例之一，則顯現出臺灣國家標準東抄西刪四不像的窘境：法國香榭柑橘花蜜（駿伸企業進口）的澱粉酶活性數值被驗出是 4.68，低於「CNS 1305 國家標準」規定的活性數值 8%，因此這是劣蜜，應予下架。其實臺灣國家標準主要就是參酌 Codex 與歐盟法規制定，但又經過修改與刪減。筆者查閱歐盟法規後發現，條文明確說明柑橘類蜂蜜（Citrus honeys）因天然澱粉酶數量原本較少，所以相對於其他蜂蜜應有最低數值 8，柑橘蜂蜜的要求則是最低澱粉酶數值為 3（not less than 3）；因此，被點名不符國家標準的法國香榭柑橘花蜜，在歐盟是符合法規的商品。

「CNS 1305 國家標準」參閱先進國家的標準，卻又精簡掉許多不應刪除的細節，成為疊床架屋的四不像，如此一來，臺灣所產的柑橘類蜂蜜應該都無法通過國家標準。類似應註記卻被刪除的情事還包括：薰衣草蜂蜜的蔗糖含量可以提高一些（歐盟規定不超過 15g/100g）、歐石楠蜂蜜的水分含量可以略高（不超過 23%）、古法壓榨萃取的蜂蜜之水不溶物含量可以放寬（不超出 0.5g/100g）。

國外的薰衣草蜂蜜與歐石楠蜂蜜，在一些台北頂級超市都可以買到，然而這些整體品質絕對高於台產濃縮蜜的商品，在臺灣卻是連國家標準都無法通過的蜂蜜。少見的古法壓榨蜂蜜由於內含較多的蜂蠟、蜂膠與花粉粒子，導致水不溶物含量偏高，也無法通過「CNS 1305 國家標準」，然而這種蜂蜜的營養與風味，其實遠勝過現代以搖蜜機萃取的蜂蜜，應更受珍視才對。

科技部補助由宜蘭大學設立的「優質蜂產品研發技術聯盟」設立了比「CNS 1305 國家標準」更加嚴格的蜂蜜品質檢驗標準（如澱粉酶活性數值需在 12 以上，也需檢驗農藥殘留、C-3 和 C-4 糖），通過檢驗的蜂蜜可貼上「臺灣優質純蜂蜜」的封條，讀者不妨參考。然而，「臺灣優質純蜂蜜」並不管制加熱濃縮蜜，故而以筆者的標準（應只收封蓋、非濃縮的天然熟成蜜）而言，即便有封條加身，仍不算真正的好蜜。

總結：符合「CNS 1305 國家標準」，只能某種程度上證實該蜜具有一定品質，卻無法證實是純蜂蜜（若只摻兩成果糖，還是可能通過國家標準），也不一定是真正好蜜（濃縮蜜一樣可以通過此標準）。弔詭的是，不符合「CNS 1305 國家標準」的蜂蜜，卻可能是未經濃縮的熟成純蜜，只是可能因存放條件不佳（過於溼熱），而讓原來達標的蜜不符臺灣國家

標準，譬如上述的衛生局稽查事件裡的紐西蘭塔娃瑞蜂蜜（摩斯達公司進口，澱粉酶活性略低於標準值 8），以及紐西蘭愛康百花蜂蜜（好蜜佳公司進口，羥甲基糠醛含量略高於標準值 40）。因而，進口商與經銷商都應該在蜂蜜的保存與銷售上更加小心，以維蜜質。

澱粉酶（Amylase）與蔗糖轉化酶（Sucrose Transteras）

蜂蜜中含有豐富酶類，它們是蜜中主要活性物質（食蜜因而有益人體健康），包括有澱粉酶、蔗糖轉化酶、葡萄糖氧化酶、過氧化氫酶、溶菌酶、磷酸酶、酯酶等多種生物酶，主要源自蜜蜂唾液，屬動物來源性生物酶，少部分則來自蜜源植物。其中澱粉酶在蜂蜜釀製過程中，可使花蜜中的澱粉水解成葡萄糖、麥芽糖和糊精；蔗糖轉化酶則會使花蜜中的蔗糖轉化為葡萄糖和果糖。

一如羥甲基糠醛含量，澱粉酶活性是蜂蜜品管的重要指標，臺灣與歐盟都以之衡量蜂蜜的成熟度、新鮮度、摻假程度以及加工儲存條件優劣。然而，蜂蜜中的蔗糖轉化酶同樣可用來衡量以上四項，但精準度卻比澱粉酶活性和羥甲基糠醛含量這兩項指標更高，這是因為在同樣的熱處理條件下，蜜中的蔗糖轉化酶失去活性的速率比澱粉酶更快，亦即蔗糖轉化酶對熱更加敏感，其熱穩定性低於澱粉酶，或說澱粉酶的熱耐受性高於蔗糖轉化酶。由於國內的蜂蜜濃縮技術對澱粉酶活性影響較小，故而在濃縮過程中，最好以對熱較敏感的蔗糖轉化酶指標取代澱粉酶活性，來進行蜜質監控。

防治蜂蟹蟎（Varroa Destructor）

除澳洲外，蜂蟹蟎危害各國西方蜜蜂（包括臺灣主流的義大利蜂），除直接造成蜜蜂死亡，還傳播五種以上的病毒（如蜜蜂急性麻痺病毒、喀什米爾蜜蜂病毒、蜜蜂畸翅病毒等），間接摧毀蜂群，也是導致「蜂群崩潰失調」（CCD，Colony Collapse Disorder）的主因之一，故而入秋後的蜂蟹蟎防治工作，是蜂農必須重之慎之的重大課題。

臺灣對抗蜂蟹蟎的唯一合法用藥為福化利（即氟胺氫菊酯；Fluvalinate；Tau-Fluvalinate），然而並未明訂官方標準用法與停藥期，蜂農若施用不當（用量過多或時機不當），不僅會造成抗藥性（其實已經發生），還會在蜂蜜中造成農藥殘留，值得官方注意，愛蜜人也須有此常識。幸而，在宜蘭大學的努力下，目前已經出現接觸型草酸濃縮製劑（草酸為蜂蜜中固有物質，無殘留疑慮）以及薰蒸型百里酚製劑（百里香植物精油成分，安全性高），並已初步推廣使用以抗蟎害；惟可能因為施用手法不當，造成效果減半，許多職業蜂農道聽塗說，以為會招致反效果（蜂王停產、滅群、飛逃、幼蟲死亡等）或單純抱怨操作較為費時費工，其實並不愛用；除待有關單位加強推廣，消費者買蜜時，不妨詢問蜂農的蜂蟹蟎防治手法，溫和漸次地形成輿論壓力，促使蜂農採用較為有機的養蜂手法。

《自由時報》在 2016 年 6 月 12 日的〈假蜜充斥更嚴重，驗證標章把關〉報導中，指出陳裕文教授的說法：「國內蜂蜜可分為四等，最上等是純蜂蜜，第二等是有 30% 以下的糖蜜殘留（筆者註：指餵食蜜蜂蔗糖、果糖後經蜜蜂轉化成的蜂蜜），第三等則是混摻一半以上的高果糖糖漿，最下等的就是完全沒有蜂蜜，全以糖漿和人工香精製成」。筆者想說的是，依據以上標準，即便是國產的「最上等」蜂蜜，也只是我個人要求的低標——純蜂蜜。然而我的要求其實不多：不經人工加溫濃縮的封蓋熟成純蜂蜜。這樣的蜂蜜在臺灣屬於鳳毛麟角，但在歐美國家其實僅是常態，沒啥好拿來說嘴。何時臺灣也能超越以上「四等」，給消費者正格的好蜜？

蜂蟎會傳播多種病毒，圖中蜜蜂便中了蜜蜂畸翅病毒。

螞蟻不吃真蜜？

蟻輩愛甜自古使然，愛喝甜葡萄酒的朋友們甚至自稱「螞蟻人」。「香甜的真蜜，螞蟻不吃」的說法完全無稽，為免普羅大眾被誤導，筆者只好以正視聽：天然熟成蜜或人工加溫濃縮蜜的含水量通常低於 20%，極黏，螞蟻微小身軀若被黏住很難逃脫（如讀者跳進裝滿強力膠的泳池一般），是故往往繞道而行以策安全。然而蜂蜜有吸濕性，開罐久了，蜜的黏度稍降，這時便會招惹蟻族了。螞蟻絕對不是辨別真假蜜的尖兵。

中國石蜜之謎

愛蜜友人知道我是同好，便給我一塊買自中國大陸的「石蜜」（如圖），其色澄黃帶橘，佈滿孔洞，就似一塊可口的海綿雞蛋糕；吃來沙沙的，聞來很香，但有些人工感，很好奇這蜜如何形成，筆者帶著狐疑以「中國＋石蜜＋詐騙」幾個關鍵字在網站搜尋相關資訊，卻網羅出一堆假蜜詐騙新聞，這種勾當多發生在中國較偏遠的觀光古城，以石蜜養生的話術騙取不知情遊客錢財。

我就此詢問在雲南深山採野生岩壁蜂蜜的友人，他提出相當精闢的觀點，認為百分百有假，也讓筆者恍然大悟。首先，巢脾上不可能黏有青苔（右邊那塊）：正常清況下，蜜蜂會將蜂巢維持在幾乎無菌無塵狀態，連一隻觸角掉了都連忙當作垃圾清出去，別說是上頭沾黏一大塊外來物；其二，照片左邊那塊「石蜜」底下黏的不是蜜蜂蜂巢（材質不像蜂蠟），而是虎頭蜂巢（質材是樹皮），而虎頭蜂並不釀蜜呀。這假石蜜的行情大約是 500 公克賣價在 100 ～ 200 塊人民幣。

歐盟對柑橘類蜂蜜的最低澱粉酶活性數值要求為 3，可低於其他蜂蜜數值（圖為柳丁花）。

鑒於蜜源特殊性，歐盟對白花歐石楠蜂蜜的水分含量要求較鬆：一般不超過 20%，此蜜則要求不超過 23%。

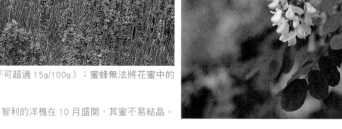

歐盟對薰衣草蜂蜜的蔗糖容許含量較寬（不可超過 15g/100g）；蜜蜂無法將花蜜中的蔗糖百分之百轉化為單糖。

智利的洋槐在 10 月盛開，其蜜不易結晶。

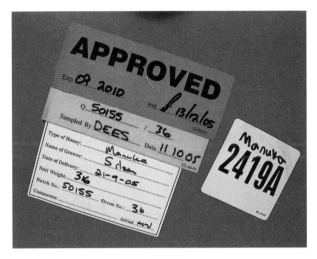

紐西蘭蜜廠的裝蜜鐵桶上貼示了一連串產製品管過程：（白單）製造部門 2005/09/21 生產；（黃單）品管部門 2005/10/11 取樣分析；（綠單）品保部門 2005/12/13 放行；2010/09 是該批蜂蜜有效期限。鐵桶比市售瓶裝來得密封，故有效期會更長；即便未開瓶，瓶裝蜂蜜建議兩年內吃完。

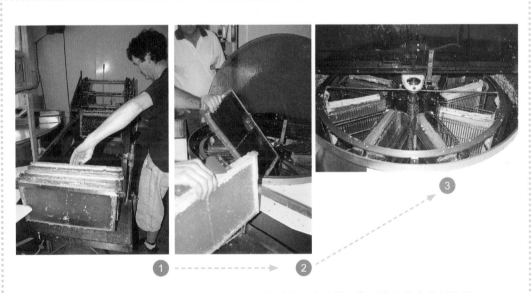

歐美國家的養蜂業規模較大，採蜜也更機械化、專業化：①以機器將蜜蓋割除後，②將它置入搖蜜機中，③再以離心力萃取蜂蜜。

■■■ 第七章　一花一蜜

第五章提過的甘露蜜並非由花朵分泌的花蜜釀成，故一花一蜜之外，還有另一境界，更增加了「蜜世界」的姿采。因篇幅所限，本章僅列出 64 種蜜作詳細品嘗解析，希望引領讀者今後自探其奧秘。

蜂蜜品賞珍錄

世上花樣豈止百出，其千顏萬色眩人眼目，實令人目不暇給。整體說來，一花一蜜難以盡數，讓愛蜜人想著就要心花怒放。第五章提過的甘露蜜，並非由花朵分泌的花蜜釀成，故一花一蜜之外，還有另一境界，更增加了此「蜜世界」的姿采。

不過，現實中讀者若要依著花果圖鑑大全之類書籍蒐蜜，恐怕難克竟其功，因許多花兒泌蜜量少，不易單獨採集，遑論成罐出售（如香水蓮花），或因果樹噴灑農藥，蜂兒難以近身，又或者因「口味獨裁」獨寵龍眼蜜。上述原因皆使臺灣市場上能夠買到的蜜種，相對國外少樣許多。

然而，讀者只要到高級食品專賣店或超市，即不難發現蜂蜜種類繁多到令人吃驚。若成為嗜蜜一族，且有機會行旅國外，便可發現天地之大，這「甜蜜的美藏」真無奇不有；隨著品蜜經驗值上升，或許您也會同我一樣，見花便聞，潛想這花兒可是質佳蜜源植物。久之，書架上可能要多了幾本植物、花卉與蜂類專書。這麼一來，口嘗目賞，心領神會，甜了口，也長了見識，可真是意外收穫。

因篇幅所限，本章僅列出 64 種蜜作詳細品嘗解析，希望引領讀者今後自探其奧秘。其中，寶島臺灣我們列出 16 種蜜，其餘則是進口產品或國外購得；64 款當中有 38 種都是臺灣即可購得，讀者上網即可搜尋出聯絡購買方式。

以品類來分，64 款當中有 57 種是單一蜜源蜂蜜，如文旦蜜、椴樹蜜；有 4 種是分別來自 2 個國家的百花蜜（即混合多種蜜源在內）；另列出 3 款甘露蜜：紐西蘭山毛櫸甘露蜜、法國阿爾薩斯冷衫甘露蜜、西班牙橡樹甘露蜜。筆者要提醒的是，理論上無純粹百分之百單一蜜源蜂蜜，因或多或少都會混到周遭零星蜜源，但只要某特定蜜源的風味特色突出且花粉量占多數，習慣上即稱其為某某蜜源蜂蜜。

北部著重飲食的民眾已經不再以龍眼蜜為尚，反倒對百花蜜、荔枝蜜或是進口的其他蜜源蜂蜜充滿興趣，與中南部獨尊龍眼蜜非常不同，這是好現象。唯有需求多樣，才得以刺激養蜂人、進口商提供品項繽紛的蜜品，以涵養這繁複、興味盎然的蜜世界。

Acacia Honey
01 洋槐蜂蜜

洋槐又名刺槐，豆科（Fabaceae）植物，原產美國東部。落葉喬木，高 15 至 20 公尺。生白色蝶形花，芳香襲人，筴果扁平深褐色，喜濕潤肥沃土壤，泌蜜量相當大，是最受法國民眾喜愛且熟識的蜜種，如同龍眼蜜之於臺灣民眾，但因法國產量不足，常需自東歐（尤其是匈牙利與羅馬尼亞）以及克羅埃西亞北部進口滿足需求。一般而言，自中國大陸進口到法國的洋槐蜜品質較不穩定，且常未標明產地來源。

採 蜜 地 區	法國巴黎盆地、中央山地以及西南山區；中國遼東半島、華北平原、陝北；德國、匈牙利、義大利、日本與美洲。
開 花 期	春末夏初開花，花期不長，約 10 天，不穩定。
採 蜜	泌蜜不穩，可能量大，也可能難產。如遇陰雨、低溫、冷風，則泌蜜少甚或不流蜜。
品 嘗 實 例	洋槐蜂蜜（Miel d'Acacia）。品牌：法國 Famille Mary。
顏 色	淺金略帶橘黃。
香 氣 及 口 感	鼻息細膩幽微，有清淺甜美的洋槐花香與漬橙皮氣韻；挑絲，流速偏快。入口，柔潤絲綿，極為婉約宜人，繼有洋槐花香混融冬瓜糖條滋味，中後段帶橙皮與香料（近似迷迭香）風情，尾韻綿長香甜，在喉間略有刺激感。
結 晶	不易結晶，可長時間（約一年）保持液態；如結晶，晶體細膩。
保 存	請置陰涼處，建議開瓶後三個月內吃完；即便未開瓶，最好兩年內吃畢。
特 點	此蜜質性溫順，法國人認為食之整腸益氣、助消化，對孩童尤其好。洋槐木質硬實可作枕木、農具，甚至可以造船。花朵可提製精油；種子含油，可作香皂。
其他推薦品牌	德國 Blütenland Bienenhöfe 品牌洋槐蜂蜜，口感綿稠絹絲無瑕，溫婉清麗，如啖棉花糖。

Alfalfa Honey–Lucerne Honey
02 紫花苜蓿蜂蜜

紫花苜蓿或稱紫苜蓿，傳入阿拉伯後便以「Alfalfa」為名，今日在美國也如此通稱，在英國則稱為「Lucerne」。目前世界各大洲均有栽培，富含蛋白質、微量元素和多種維他命，有「牧草之王」的美稱。紫花苜蓿於張騫通西域時與大宛馬一併傳入中國，為宮廷御馬的飼草，後流入民間成為飼草、綠肥等多用途作物。喜生於富含石灰質，排水良好之砂質土。

採 蜜 地 區	美國、加拿大、非洲、法國、紐澳，中國則以新疆、甘肅、內蒙古最多。臺灣未產此蜜，卻流行以苜蓿芽打汁或製作生菜沙拉。
開 花 期	歐美為 6 到 9 月，中國以 5、6 兩月為主。
採 蜜	花期遇雨量適宜則流蜜量大，泌蜜需要高溫（攝氏 28 至 30 度之間泌蜜良好）。為美國、澳洲、俄國的主要蜜源植物。
品 嘗 實 例	美國加州 C&M Company。
顏 色	淺琥珀色，亮澤度佳，不甚透明。
香 氣 及 口 感	氣味芳濃，質地稠滯如麥芽糖。口感清雅，卻有撲鼻熱帶果味，似鳳梨、像漬桔子、又如地瓜薑湯。後韻佳，回歸清白花香，清酸可人。
結 晶	易結晶，顆粒略粗。
保 存	請置陰涼處，建議開瓶後三個月內吃完；即便未開瓶，最好兩年內吃畢。
特 點	此蜜極利精氣的涵養，體力衰弱或康復期病人服用最佳，也是運動員最佳氣力來源。二次世界大戰前，為法國常見蜜種；之後農夫常在紫花苜蓿開花前就將其砍短，以利植莖長得更高更盛以製作畜牧用乾飼料，但也減少了蜜蜂採蜜機會。

Almond Tree Honey

03 杏仁樹蜂蜜

杏仁樹（Prunus dulcis var. dulcis），屬於薔薇科（Rosaceae）李屬（Prunus）植物，不同於其他李屬的李子、櫻桃、杏桃（apricot）等水果，我們主要食用杏仁樹厚革質果皮內的種子（果仁），即常見的杏仁果（目前美國加州是全球最大的杏仁果產地）。杏仁樹也稱為甜扁桃樹，原生於中東的地中海氣候地區，後傳布至各大洲，為落葉喬木，樹高4至10公尺，樹徑可達30公分；開白色至粉白色5瓣花朵，單生小枝端。相對於甜扁桃樹，野生帶苦味的苦扁桃（Prunus dulcis var. amara）具毒性（含有氫氰酸），請勿食用。

採 蜜 地 區	為了替杏仁樹授粉以增加杏仁果的質與量，加州成為最大此蜜產地，緊接其後的是澳洲與西班牙。
開 花 期	北半球是二月開花；先展花，後生葉。
採 蜜	花蜜多，花粉（深赭色）也不少。
品 嘗 實 例	西班牙杏仁樹蜂蜜（Miel d'Amandier）。品牌：法國 Famille Mary。
顏 色	半透光、較淺的橙紅色，光澤佳。
香氣及口感	初嗅聞，蜜味清新甘鮮，略有冬瓜糖、橘汁與橘皮氣息，整體鼻息簡單宜人。中等流速。口感流暢滑順綿柔，隱約藏有酸度，之後帶有輕微杏仁果（粉）風味，中後段釋有肉桂與薄荷氣韻，尾韻不錯，以冬瓜糖、甘草糖、肉桂、與極輕微的仙草凍氣息收結。
結 晶	遇冬季低溫初始形成半液態結晶，之後成為完全結晶蜜。
保 存	請置陰涼處，建議開瓶後三個月內吃完；即便未開瓶，最好兩年內吃掉。
特 點	由於杏仁樹開花早，也使此蜜成為蜂群在早春發展群勢時的重要食糧。

Apple Tree Honey
04 蘋果花蜂蜜

蘋果為薔薇科植物，原產西伯利亞西南部及土耳其，經歐洲長期栽培，1870 年傳入中國山東。樹高約 6 至 8 公尺，開白花，時帶有玫瑰淡粉色澤。蘋果之形、質、色、香、味俱佳，故有「水果之王」美譽。唐・孫思邈《千金食治》云：「益心氣。」唐・孟詵《食療本草》云：「補中焦諸不足氣，和脾。」元・忽思慧《飲善正要》云：「止渴生津口清。」

採 蜜 地 區	歐洲溫帶地區、日本、北美、南美、中國北方各地。
開 花 期	歐洲國家 4、5 月份開花，巴西 9 到 11 月，日本則是 5、6 月展花。
採 蜜	一般而言，臺灣無產蘋果蜜，因果樹均種植在高海拔處，西洋蜂不會捨近求遠，飛到日照短、採蜜工時也短的高山；在歐洲或日本則是一般平原常見果樹，有利採蜜（須避開噴藥期）。
品 嘗 實 例	日本蘋果蜜。清森縣齊藤養蜂公司。
顏 色	金黃透澈，光澤度佳。
香 氣 及 口 感	湊鼻初探，有蘋果及小白花香；以匙挑蜜，其流速快，不過稠。入口，甘美緻滑如美露，蜜香進逼如啃咬南投高山「蜜蘋果」冰凍肉心，極美妙。
結 晶	不易，結晶偏緩。
保 存	請置陰涼處，建議開瓶後三個月內吃完；即便未開瓶，最好兩年內吃畢。
特 點	蘋果蜜尾韻有清雅酸度，有生津、止渴、潤肺、養神、除煩、清熱、解暑、化痰、開胃等可能功效。可消食順氣，暢益人體。
其他推薦品牌	巴黎蜂蜜專賣店 La Maison du Miel 的義大利蘋果蜜（Miel de Pommier d'Italie），綿潤有蘋果泥香，還帶些涼草氣息，呈結晶狀。

Avocado Honey
05 酪梨蜂蜜

酪梨（Persea americana）原產自中美洲的墨西哥，屬樟科（Lauraceae）鱷梨屬（Persea）常綠果樹，又被稱為鱷梨、牛油果與油梨。由於酪梨具有很高的商業價值，現已被廣泛栽培於地中海與氣候溫暖國家，因品種之別，其顏色、大小與形狀都存在差異，是種需要於採收後經過「後熟」變軟才能食用的水果。千萬注意，尚硬的酪梨放冰箱會變成「啞果」，不再變軟。由於酪梨具豐富的單元不飽和脂肪酸，為優質油脂，因此有「森林奶油」的美譽。

採 蜜 地 區	紐西蘭（北島）、美國（加州）、墨西哥（Michoacan 州）。
開 花 期	花期因品種之別而不同，臺灣嘉義為 12 月至 5 月。
採 蜜	由於酪梨開花期與柑橘類果樹部分重疊，但後者更吸引蜜蜂，所以酪梨蜜產量稀少，屬稀有蜜種。酪梨蜜富含礦物質以及抗氧化物，值得推廣。
品 嘗 實 例	紐西蘭酪梨蜂蜜。品牌：Warkworth Honey Centre。
顏 色	深焦糖色、核桃糕色澤。
香 氣 及 口 感	香氣飽滿強盛，聞有焦糖、黑棗泥、南棗核桃糕、麥芽糖以及樹脂氣息，其實初聞極像麥蘆卡蜂蜜；以匙挑蜜，稠密流速相對較慢，但也不如麥芽糖般黏稠。啖入，綿密入口即化，晶體極細（這應與廠商有低溫慢速攪拌過有關），質地似森永牛奶糖在口中以舌推抵摩擦至最後一口般的柔滑溫潤，滿滿的焦糖與黑巧克力泥混合茶樹精油與瀝青滋味，酸度密藏其間以沁醒味蕾。尾韻佳，以動物皮毛與一些中藥味作結。
結 晶	低溫置久，仍舊會結晶，晶體頗細緻。
保 存	請置陰涼處，建議開瓶後三個月內吃完；即便未開瓶，最好兩年內吃畢。
特 點	酪梨蜂蜜色澤為深焦糖色，風味也類似焦糖，市面上的臺灣產酪梨蜂蜜顏色澄黃，毫無焦糖氣息，筆者懷疑其蜜源純度過低。
其他推薦品牌	巴黎 Miel Factory 品牌墨西哥酪梨蜜（蜜色深棕不透光，稠潤膏滑，焦糖與南棗核桃糕風味為主，有淡雅鹹香）。

Black Alder Honey
06 瀉鼠李蜂蜜

瀉鼠李，鼠李科（Rhamnaceae）植物，法文為「Bourdaine」，原產歐洲。歐洲人用其風乾樹皮來治療便秘、痔瘡、膽汁分泌不足，也用來導瀉，現在中藥也常用。目前市面減肥茶，部分也含有瀉鼠李皮的成分，可加速腸道蠕動；不過，若與西藥一起服用，因腸道活動加快，會減少藥物留在腸胃被吸收的時間，需注意。瀉鼠李開形狀極小的白花，有時偏粉紅或淡綠色；結小漿果，先紅後轉黑色。喜生長在河岸、沼澤等潮濕地。

採 蜜 地 區	法國最多，不過只產在法國西南與中央山地，產區小，故產量少。
開 花 期	法國在 5 至 7 月初展花，有時開開停停，甚而遲至 9 月仍可見花。
採 蜜	7 月始可採收，泌蜜穩定。
品 嘗 實 例	法國奧維涅（Auvergne）山區瀉鼠李蜂蜜。品牌：Albert Ménès。進口：岡達國際股份有限公司。
顏 色	呈質佳大吉嶺清透茶湯色。
香 氣 及 口 感	香氣隱微，如英式紅茶恬淡芳香。拉絲，中等流速，可見蜜液極清透；覆舌，口感清雅，有黏稠性，中段一如先前的茶香，繼之轉承有煙燻、肉桂氣韻，最後以樹皮氣味收結。
結 晶	不易結晶；一旦結晶，晶體精巧細緻。
保 存	請置陰涼處，建議開瓶後三個月內吃完；即便未開瓶，最好兩年內吃畢。
特 點	如將瀉鼠李的樹皮風乾時間延至一年以上，可增其藥效。此蜜是傳統治療便秘良方。因其枝幹柔軟可塑，早期法國西北方以其製作傳統蜂箱骨架。
其他建議品牌	法國 Famille Mary（土黃色，綿密結晶狀，綿滑脂潤，具牛奶糖與香料刺激感）。

Blackberry Honey
07 黑莓蜂蜜

黑莓（Rubus fruticosus）為薔薇科懸鉤子屬（Rubus）灌木，常長在樹林邊緣，可長到 3 公尺高，其軟質莓果（聚合果，由許多小核果所組成）相當可口，可製甜點、果醬與水果酒。黑莓可忍受貧瘠的土壤，甚至能在荒地及建築工地上存活良好（一如臺灣的大花咸豐草）；葉為掌狀葉，開白色小花（常帶淡粉紅），成熟的果實為黑色或暗紫色。與黑莓近似的品種相當多，光是法國就至少 40 種。

採 蜜 地 區	澳洲塔斯馬尼亞、法國（法國西南部、布列塔尼）。
開 花 期	以法國為例，花期為 6 至 8 月。
採 蜜	花蜜與花粉（綠色）都相當豐富，極受蜜蜂喜愛。
品 嘗 實 例	黑莓蜂蜜。品牌：澳洲塔斯馬尼亞島 Blue Hills。
顏 色	呈現較淺的誘人乳黃蜜色。
香 氣 及 口 感	氣味隱約宜人，以輕微的煉乳、牛軋糖與供桌上拜拜用的米糕氣息為主。以匙挑蜜，呈極稠密結晶膏塊狀，結晶顆粒略粗，但很快消融於舌心，接著和緩釋出牛奶糖、乳脂、硬質起司與背景的輕微樹脂氣韻，後段有普羅旺斯香料氣味輕緩蒸蘊上鼻後腔，餘韻輕巧、綿長、令人神往（至此才有一絲黑莓香氣逸出）。
結 晶	剛買時未結晶，低溫保存後蜜質易結晶。
保 存	請置陰涼處，建議開瓶後三個月內吃完；即便未開瓶，也請兩年內吃掉。
特 點	法文蜜罐上常寫的是 Miel de Mûrier，但其實以植物來說，Mûrier 是法文桑葚樹的意思；本蜜源植物是黑莓（Ronce），然而黑莓與桑葚的果實法文都是 Mûre；總之 Miel de Mûrier 並非桑葚蜂蜜。
其他建議品牌	法國 Famille Mary 品牌 Miel de Mûrier（採蜜地區：羅亞爾河 Anjou 地區，蜜色淺土黃，綿密膏脂，甘酸可人）。塔斯馬尼亞 Honey Tasmania 品牌（結晶極細，可口芬馨，似乎混到一點皮革木蜂蜜？）

Blueberry Honey
08 藍莓蜂蜜

歐洲藍莓（Vaccinium myrtillus，也稱歐洲越橘）與美洲藍莓（Vaccinium cyanococcus）很近似，都能採蜜，這裡僅就前者介紹。歐洲藍莓為杜鵑花科（Ericaceae）越橘屬（Vaccinium）的多年生落葉灌木，除歐洲外，也能在北亞、加拿大西部與美國西部找到。醫學研究顯示，食用歐洲藍莓能夠加速「視紫質」再生能力，促進視覺敏銳度，對於常需要目測飛行、視力要求嚴苛的飛行員來說，是一大助益。

採 蜜 地 區	加拿大為主。
開 花 期	歐洲在 5 至 6 月開花。
採 蜜	因為藍莓花形特殊（小巧鈴鐺形），蜜蜂不易採取花蜜，所以藍莓蜂蜜產量不高。
品 嘗 實 例	加拿大藍莓蜂蜜（Miel de Myrtille du Canada）。品牌：法國巴黎 La Maison du Miel 蜂蜜專賣店。
顏 色	深卡其色，不透光。
香 氣 及 口 感	氣息深沉，不太張揚，非花香調，嗅聞有麵粉糊、蓼片與紅糖，背景甚至有烤番薯氣味。以匙挑起，呈結晶糕塊狀，入口，結晶相當粗大，馬上有番薯味釋出（或許薑片黃肉番薯湯更適合形容之），隨後有迷迭香葉蒸韻，晶體砂粒感依舊在味蕾上滾動，甜中帶酸，中後段有微微辛香刺激感，尾韻以開水煮麵胡、核桃和木質氣韻收結（尾段極力搜尋，才有淡淡藍莓香氣）。
結 晶	未開瓶已結晶，晶體偏粗，開瓶置小碟內，略攪拌供拍照，始呈黏糕狀。
保 存	請置陰涼處，建議開瓶後三個月內吃完；即便未開瓶，最好兩年內吃掉。
特 點	歐洲藍莓裡的花青素，可以維繫血管完整、強化微血管彈性、促進血液循環、維繫正常眼壓；它還是清除自由基的清道夫。

Bruyère Blanche Honey
09 白花歐石楠蜂蜜

白花歐石楠（Erica arborea）為杜鵑花科歐石楠屬
（Erica）常綠灌木，是各種歐石楠當中較為高大
的，樹身可高達 7 公尺以上，原生自地中海附近含
矽質較多的土壤。白花歐石楠的樹幹基部非常堅硬
耐熱，常被用來製作優質菸斗或刀柄。此蜜相對少
見（降雨以及長期乾旱都會影響分泌花蜜），但已
培養起一群死忠愛好者，蜜中常帶花生醬
與焦糖氣息（蜜中的羥甲基糠醛也
可能略為較其他蜂蜜高些）。

採 蜜 地 區	西班牙巴斯克地區、義大利、北非、法國（普羅旺斯、科西嘉島、隆格多克地區）、葡萄牙。
開 花 期	花期相當長，3 至 5 月。
採 蜜	通常在 5 月份採蜜，蜜量不穩定，主要取決於早春的氣候。
品 嘗 實 例	Miel de Bruyère Blanche。品牌：法國 Famille Mary。
顏 色	略深的核桃、土黃色澤，不透光。
香 氣 及 口 感	鼻韻深沉甜美，聞有核桃、榛果混合雜糧麵包氣息，背景有老薑氣。以匙挑蜜，稠度高、流速緩；入口，質地縝密綿滑，接著在甜蜜中出現清淡鹹香、花生醬氣味，因稠厚，味道變化較緩，中段滲出有香料、青草涼茶、與一絲絲幾乎隱而不顯的酸度，尾韻佳，牽連有肉桂、蕈菇與一絲土系氣味。
結 晶	短期放冰箱不結晶，質地變得像麥芽糖。冬天放久會結晶，質地頗細。
保 存	請置陰涼處，建議開瓶後三個月內吃完；即便未開瓶，最好兩年內吃掉。
特 點	嘗來甘潤綿滑，護嗓佳。愛蜜者認為此蜜具有防貧血、利尿以及舒緩風濕性關節炎的效用，還有助慢性疲勞之恢復。

Buckwheat Honey

10 蕎麥蜂蜜

蕎麥，屬蓼科（Polygonaceae）蕎麥屬（Fagopyrum）植物，一年生草本，花色白或淡紅。也稱三角麥，在法國又稱黑麥，鹹味可麗餅之餅皮即由蕎麥製成。蕎麥去殼，可如稻米一般煮食，其在沃土上，較其他糧食作物產量低，但特別適於乾旱丘陵和涼爽氣候，也可用作綠肥作物，或作為家禽和家畜的飼料。蕎麥具有清理腸道廢物之作用，民間又稱「淨腸草」。

採 蜜 地 區	中國黑龍江、山東、內蒙、陝北；日本、美國、及法國布列塔尼、羅亞爾河谷地與中央山脈等地區。
開 花 期	一般夏秋季開花，花期可達一個月。蜜蜂為蕎麥授粉，可增加 30% 產能。
採 蜜	中國 8、9 月開採；歐洲國家及日本約 7、8 兩月。開花時，晝夜溫差大，白日晴朗無風，展花多，蜜量大。流蜜氣溫約攝氏 25 至 28 度。
品 嘗 實 例	蕎麥蜂蜜（採自羅亞爾河谷地）。品牌：法國 Famille Mary。
顏 色	深棕栗色，不透光。
香 氣 及 口 感	氣韻濃烈，具有麥芽糖、動物皮革、馬廄與香菇氣息；以匙挑蜜，質地極稠；入口，綿柔滑口，甚至具有絲緞般質地（此蜜經低溫攪拌），有紅豆沙混合烤栗泥滋味，帶一絲酸度與極輕微鹹味，中後段有宜人辛香刺激感，尾韻一如品嘗栗子泥蛋糕滋味。
結 晶	結晶緩慢時，顆粒粗大；經過低溫攪拌，則晶體細膩。
保 存	請置陰涼處，建議開瓶後三個月內吃完；即便未開瓶，最好兩年內吃掉。
特 點	營養價值高，甜度大，花粉多。舊時，歐洲常用來做香料蜜糖麵包，如今法國產量少，已成為愛蜜人蒐羅特級品；但略有馬廄的氣味特殊，非一般大眾口味。
其他推薦品牌	日本杉養蜂園蕎麥蜂蜜（聞有香菇、烤栗子、黑棗氣息；結晶微粗、佈舌即化。餘韻有焦糖奶油噴香）。

Carrot Honey

11 胡蘿蔔蜂蜜

胡蘿蔔（Daucus Carota）為繖形科（Apiaceae）胡蘿蔔屬（Daucus）兩年生草本，又名紅蘿蔔。胡蘿蔔原產於亞洲西南部，阿富汗為最早演化中心，10 世紀時從伊朗引入歐洲，後約在 13 世紀自伊朗引入中國。

生長的第一年即可長出可食用的肉質根（因品種不同，其大小形狀與顏色都不同，可以是黃、橙與紫色，不一定是紅色），第二年才開花（開白色或淡粉紅色花，傘形花序，有糙硬毛）。不需人工種植（適宜種植在沙質土壤中），野外也常見。

採 蜜 地 區	胡蘿蔔蜜相當少見，品嘗實例的蜜採自義大利西西里島。
開 花 期	法國為 5 至 7 月。
採 蜜	泌蜜量中等，花粉較多一些（呈黃灰色）。
品 嘗 實 例	胡蘿蔔蜂蜜（Miel de Carottes）。品牌：法國 Famille Mary。
顏 色	較深的土黃色澤，微帶紅澤，不透光。
香氣及口感	嗅聞到些許芹菜葉、芫荽的氣息，以及些微的煮胡蘿蔔香氣，或應該說，就似聞到一把剛挖自泥土、還帶細葉氣味的紅蘿蔔；氣息不甚張揚甜美，再細想，就像聞到一塊美式胡蘿蔔蛋糕。以匙挑絲，流速緩，質地極稠；入口，甜而不膩，還有點鹹，稠實似摻拌有八角、肉桂與老薑風味的胡蘿蔔蛋糕，酸度自中段顯現，還釋出涼草味兒，且帶有研磨小茴香粉與奶油榛果氣韻，尾韻還帶白胡椒與咖哩興味，蜜格特出。
結 晶	短期放冰箱不結晶，但質地黏稠度更勝麥芽糖。
保 存	請置陰涼處，建議開瓶後三個月內吃完；即便未開瓶，最好兩年內吃掉。
特 點	此為有機蜂蜜，質地綿稠厚實，當甜點挖食，配杯東方美人品啖也可自得其樂。

Cherry Tree Honey

12 櫻桃樹蜂蜜

甜櫻桃樹（Prunus avium）為薔薇科李屬果樹，原
產於歐洲與西亞，與個頭較小的酸櫻桃樹（Prunus
cerasus）一樣都能吸引蜜蜂採蜜。櫻桃樹開花早（先
開花，後長葉），早春氣溫還低，若蜜蜂群勢不夠強
盛，便無法採到足夠的櫻桃樹蜂蜜可商業上市，故屬
少見的珍貴蜜種。歐洲平地在 3 至 4 月開花，山區則
是 5 月展花；天氣好時，流蜜量豐盛且穩定，
但容易受到氣溫驟降和下雨影響導致泌蜜減
少。相對於會結食用櫻桃的樹種而言，日
系觀賞櫻的花粉多，蜜量少，臺灣不太可
能收到商業蜜。

採 蜜 地 區	義大利、法國（隆河地區、普羅旺斯、隆格多克 - 胡西雍地區）。
開 花 期	包括法國在內的西歐國家的開花期為 3 至 5 月。
採 蜜	由於櫻桃樹花開得早，所以其蜜算是蜜蜂早春繁蜂的重要糧食，若數量不多，通常不會裝罐上市。
品 嘗 實 例	義大利櫻桃樹蜂蜜（Cerisier d'Italie）。品牌：法國巴黎 La Maison du Miel。
顏 色	不透光的土黃帶橘色澤。
香 氣 及 口 感	氣韻深沉，不張揚，以風乾橘皮、佛手柑、淡醬油漬白蘿蔔、輕微香料刺激感以及背景隱約的熱水拌麵糊氣韻主導。以匙挑蜜，呈結晶糕狀（似放在供桌上軟掉的冬瓜糖條，極為細密）；入口綿化，涼香沁鼻，酸度佳，續接以橘皮、低溫烘烤關廟鳳梨、地中海灌木叢、肉桂、八角風情，尾韻綿長，以甘草與輕微薑片滋味作結。
結 晶	遇冬季低溫易結晶，但速度較緩，晶體質地維持細潤彈性。
保 存	請置陰涼處，建議開瓶後三個月內吃完；即便未開瓶，最好兩年內吃掉。
特 點	愛吃此蜜的行家認為食之有助利尿。
其他建議品牌	（1）皇鶴貿易日本山櫻花蜜（聞有歐洲酸櫻桃、煙燻和塑膠味，頗可口，以酸櫻桃與蔓越莓果乾滋味為主，有輕微苦韻）。（2）義大利 L'Hobby del Miele 櫻桃樹蜂蜜（可口的櫻桃混合紅糖氣息，尾韻有肉桂香）。

Chestnut Tree Honey

13 栗樹蜂蜜

栗子樹，殼斗科（Fagaceae），屬落葉喬木。英文稱之為 Chestnut 或 Sweet chestnut，不過與「馬栗」（Horse chestnut）並不同。前者果實美味可食，葉呈長形尖狀；後者則有毒不可食用，葉呈短圓狀，有七葉，故在中國又稱「七葉樹」。栗樹的綠色果苞密生針刺，成熟後裂開，裡頭栗果接著脫落，果

肉淡黃，可製糖炒栗或果醬。此蜜味道強烈，性格特殊，較受嗜蜜饕家讚賞。二次大戰前，法國西南部山區以及義大利北部蜂農多以栗樹樹幹作蜂箱。

義大利北部的蜂蜜節慶裡，賣蜜蜂農展示一築於栗樹樹幹裡的天然蜂巢。

採 蜜 地 區	法國科西嘉島、中央山地、庇里牛斯山；比利時、希臘、義大利、蘇聯、德國。
開 花 期	歐洲為 6 月底、7 月初。開花繁茂，花期可達三星期。
採 蜜	7 月起。產量穩定，但天氣過熱，泌蜜少；適時的晨露滋潤則可刺激流蜜。
品 嘗 實 例	德國栗子樹蜂蜜。品牌：Honig Manufaktur Binder。進口：擁潔股份有限公司。
顏 色	呈咖啡色澤，邊緣略透綠光。
香 氣 及 口 感	初聞，嘗有紅糖、焦糖凝香，略顯蓼味。挑絲，流速頗快；觸舌，稠厚略黏，清酸引涎，啖有花香，隨即有醇美咖啡的宜人苦香，終以蓼棗味離場。
結 晶	不易結晶，可長久保持流質狀態；若結晶，質地稍粗。
保 存	請置陰涼處，建議開瓶後三個月內吃完；即便未開瓶，最好兩年內吃畢。
特 點	在法國百花蜜裡，有些蜂農會摻入些許栗樹蜜，以其味道特出來微調蜜香，使更加引人。歐洲人認為此蜜有助血液循環，且含多樣礦物質。栗木也可用以製作儲放葡萄酒的木桶。
其他建議品牌	Il Miele della Lunigiana D.O.P. di Castagno 栗樹蜂蜜（產自義大利托斯卡尼西部）。

Coffee Tree Honey
14 咖啡樹蜂蜜

咖啡樹屬於茜草科（Rubiaceae），種類繁多，以阿拉比卡咖啡（Coffee Arabica）及羅巴斯達（Robusta）為主要品種；前者品質較佳，煮出的咖啡味甘不澀，後者則以產量取勝。咖啡樹最宜生長的環境，以北回歸線至南回歸線之間的地區及赤道附近為主，也是全球咖啡的主要產區。臺灣由於北回歸線經過嘉義山區，其緯度、海拔與中南美洲產地相同，極適咖啡樹成長。目前，古坑是臺灣咖啡主要產地，自日據時期便在古坑荷苞山大量栽種阿拉比卡種咖啡樹，有「咖啡山」美譽，咖啡採收期落在中秋節過後不久。

採 蜜 地 區	基本上，只要是咖啡生產國都可採蜜，因此除了越南、哥倫比亞、巴西，如果臺灣蜂農覺得利潤合算，當然也可產蜜。
開 花 期	花期約在 2 至 3 月，開白色五瓣桶狀花朵，花香近似淡雅茉莉花，花序濃密成串。
採 蜜	花期極短，約只 3 至 6 天，故如天氣不佳，產量便極稀少。
品 嘗 實 例	越南咖啡樹蜂蜜。品牌：法國 La Maison du Miel。
顏 色	深土黃如花生豆莢，色不通透。
香 氣 及 口 感	氣似天津糖炒栗子與幽微的花香，以匙相挑，呈濃膏狀結晶。含舌，稠腴醇美，如食蟹膏，入口微酸，泛出花生與乳脂香，以炒咖啡豆的餘韻完美作結。
結 晶	極易結晶，顆粒極細美。
保 存	請置陰涼處，建議開瓶後三個月內吃完；即便未開瓶，最好兩年內吃畢。
特 點	咖啡樹花期極短，不超過一星期，所以一般人不易撞見其百花盛放的麗景，蜜蜂採蜜變數多，故產量少，尤其講求咖啡產量的植栽產區噴灑大量農藥，蜜蜂一近身，便芳魂消殞，更增難度。另外，根據《國家地理雜誌》一篇報導，咖啡樹的花蜜含有微量咖啡因，可增加蜜蜂回訪花朵的記憶力。

Colza Honey

15 油菜蜂蜜

油菜（Brassica rapa L.）為十字花科（Brassicaceae）蕓薹屬（Brassica）草本植物，原產於中國大陸，栽培歷史約有三千年，古名蕓薹，別名菜籽，普遍栽培於長江流域，幼株可當蔬菜，黑色種子榨可油。臺灣早年由大陸傳入，以彰化、台中、嘉義栽培最盛，但多半待植株開花結子後，將其翻入土中當做綠肥。莖直立，高約1公尺，花黃色，頂生或腋生，總狀花序。油菜喜溫暖濕潤的氣候，土質深厚粗鬆而肥沃尤其適合生長。

採 蜜 地 區	法國西南部、諾曼第、巴黎盆地；中國長江流域，安徽、雲南。
開 花 期	法國4、5月開花；臺灣花期介於12至2月。早上9至11時開花最盛。
採 蜜	蜜、粉皆豐，值得推廣為主要蜜粉源植物。泌蜜適溫為攝氏18至22度。
品 嘗 實 例	油菜蜂蜜。品牌：Le Musée du Miel（蜂蜜博物館）。
顏 色	淺卡其色，不透光。
香氣及口感	此結晶蜜香氣沉實，帶乳脂氣息，再探聞有牛軋糖以及新鮮核桃味，其中還藏有一絲刺激鼻竅的特殊氣息；令人聯想到酸香略嗆的夜市漬情人果（芒果青），背景醞釀有受曝曬的麥稈溫香。以匙挑蜜，極綿稠厚實，流速慢於麥芽糖，含水量極低；質地濃密卻爽口，隱藏有薄荷似的涼馨，極為宜人，一絲不膩，令品者一匙接一匙，尾韻以乾果和乳脂類氣韻完結。
結 晶	此冬蜜在採收後裝瓶不久，便開始結晶，晶體頗為綿密細緻。
保 存	請置陰涼處，建議開瓶後三個月內吃完；即便未開瓶，最好兩年內吃掉。
特 點	油菜蜂蜜含有不少礦物質，尤以鈣和硼為多。
其他建議品牌	油菜與白花三葉草蜂蜜（日本杉養蜂園；為雙蜜源蜂蜜，有鳳梨及熟瓜果味，細聞有茶樹精油類的香氛）。

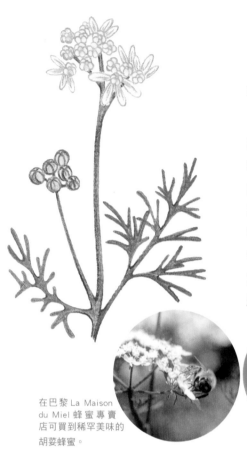

Coriander Honey
16 胡荽蜂蜜

胡荽，即我們慣稱的芫荽或香菜，學名是 Coriandrum Sativum，字源於古希臘文 Koris，原意是臭蟲；不過，如同飲食作家蔡珠兒所說：「這些人的嗅覺都缺了一竅，所以無法跨入胡荽堂奧」，她並以清冷空渺的幽香來形容其香。歐洲原是胡荽發源處，大量使用胡荽籽醃漬食物、灌香腸、烤麵包；印度菜裡的咖哩便含有胡荽籽粉末。筆者至紐西蘭南島採訪時，車過一大片胡荽田，遍綠中開滿粉白、粉紅小花，便聽說有些小農也產胡荽蜜，但量少不易尋，但硬是讓我在巴黎尋到芳蹤，真是珍寶。

在巴黎 La Maison du Miel 蜂蜜專賣店可買到稀罕美味的胡荽蜂蜜。

採 蜜 地 區	伊朗、俄羅斯、印度、羅馬尼亞，紐西蘭小農露天市集偶見。
開 花 期	北半球為 6、7 月，南半球紐西蘭則是二月開花。
採 蜜	其實胡荽花蜜頗多，有專家估計一公頃耕地可產 500 公斤的胡荽蜂蜜，或因為需求量少，蜂農懶得理睬，就留給蜜蜂當蜂糧了。
品 嘗 實 例	羅馬尼亞胡荽蜂蜜。品牌，法國 La Maison du Miel。
顏 色	土黃琥珀色澤，亮澤感佳，不透明。
香 氣 及 口 感	輕輕湊聞，便襲來芳馨的胡荽葉冷香，近聞則反而是胡荽籽兒的沉香。拉絲綿密，口感緊緻細膩，略有酸度，清新精妙之後是動人的薰辛，餘韻豐美。
結 晶	不易結晶，萬一結晶，質地沙綿。
保 存	請置陰涼處，建議開瓶後三個月內吃完；即便未開瓶，最好兩年內吃畢。
特 點	食此蜜，有利於消解失眠、便秘、消化不良、並刺激食慾、健氣補身。兩千多年前，漢朝張騫通西域，才將胡荽引入中土，成為中菜馨香的要素。

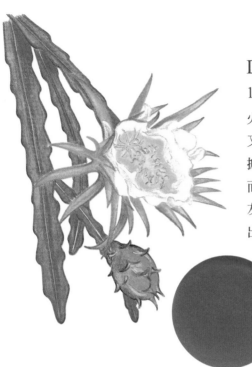

Dragon Fruit Honey
17 火龍果蜂蜜

火龍果是仙人掌科三角柱屬（Hylocereus）植物，又稱紅龍果，原產於中美諸國，臺灣地區則早在荷據時代即已引進，但三百餘年來，在此間卻只開花而吝於結果，故被視為觀賞植物。前幾年在臺灣農友潛心研究之下，以人工授粉突破自然瓶頸，結出纍纍果實。火龍果植株生命力強韌，使其生長不難，但是果實甜度才是最大考驗。因只在晚間開花，英文又稱「晚花仙人掌」（Night-Blooming Cereus）。

採 蜜 地 區	就筆者所知，宜蘭的郭賢德先生是唯一採集此蜜的蜂農；南美也種植數量龐大的火龍果，或許也產蜜。
開 花 期	臺灣主要是早夏至晚秋開花，南美則是晚春到初夏展花。
採 蜜	臺灣的 6 到 10 月間是主要採蜜期。植株強悍，採果完，旋即又開花，可續採蜜。因晚秋十月其他蜜源植物減少，在果園集中地區，易採將近到百分百的火龍果蜂蜜。
品 嘗 實 例	臺灣宜蘭火龍果蜂蜜，郭賢德養蜂園。
顏 色	透亮深琥珀，光澤度極佳。
香氣及口感	帶點糖煮柑橘、紅糖以及微微草青味，香氣十分特殊，以清幽取勝。拉絲，流速快。口感滑細絲柔，娟秀韻美，隱約有極熟火龍果肉的芳馨，紅糖桂圓味襯底，回韻甘美，滋味深長如啜飲一杯好茶。
結 晶	不易結晶。若結晶則顆粒細緻，轉淡琥珀色。
保 存	請置陰涼處，建議開瓶後三個月內吃完；即便未開瓶，最好兩年內吃掉。
特 點	火龍果花型巨大，但怕雨，易將花蜜打散稀釋。展花於午夜，花謝於晨明，蜜蜂日出始作，故採集花蜜時間只有早上 6 至 9 時，極其珍貴。北臺灣應是火龍果分布最北極限。

Eucalyptus Tree Honey
18 尤加利樹蜂蜜

原產澳洲，全世界百種以上的尤加利樹，只有十幾種可生產有效用的油脂，而大多數尤加利精油均粹自藍膠尤加利（Eucalyptus Globulus；Blue Gum）。成熟期的尤加利樹葉質地堅硬，呈長尖形黃綠色，常帶有藍鐵灰臘質覆在葉面上，故名「藍膠尤加利」。尤加利幼樹枝葉可蒸餾出精油，不過以樹齡較長者品質較優，精油顏色精澈淡黃，香味清新。花白色、黃色或紅色。尤加利樹身形異常高大，可達 50 公尺以上，是天然驅蟲劑，在其周圍活動完全不必擔心蚊蟲叮咬。

採 蜜 地 區	澳洲南部以及塔斯馬尼亞島（藍膠尤加利的原產地）、紐西蘭、巴基斯坦、西班牙、美國加州等。
開 花 期	不同地區、品種的尤加利樹開花期不同，無論是南半或北半球，主要以秋季為主。
採 蜜	採蜜產量穩定，且泌蜜量多。
品 嘗 實 例	澳洲藍膠尤加利蜂蜜，品牌：Leabrook Farms。惠康百貨股份有限公司代理。
顏 色	金黃帶橙紅，透明度佳。
香 氣 及 口 感	有漬桔皮、木質沉香；挑絲，稠度大。入口醇厚甘美，稠如膏，有木質芳馨融混少許肉桂味，中段乳脂香氣接續，終末有略辛還涼的薄荷香氛。
結 晶	結晶不易而緩慢，晶體略粗。
保 存	請置陰涼處，建議開瓶後三個月內吃完；即便未開瓶，最好兩年內吃畢。
特 點	食用尤加利蜂蜜可減緩流行性感冒、喉嚨感染、咳嗽、黏膜發炎症狀。而其精油能消除蚊蟲咬傷的痛感，當皮膚潰瘍發炎時，也能預防細菌滋生及蓄膿。
其他建議品牌	Australian Honey Cellars 的 Yellow Box（尤加利樹的一種）Honey。Living Honey 的 Cup Gum（也是尤加利樹的一種）Honey。Honey Tasmania 的 Peppermint Gum Honey（除精油氣息，還帶些炭燒味）。

Indigenous Cinnamon Honey
19 臺灣土肉桂蜂蜜

臺灣土肉桂（Cinnamomoum osmophloeum Kanehira）為樟科樟屬（Cinnamomum）中型喬木（樹高可達 20 公尺以上），又名臺灣土玉桂，在全台低海拔（500 至 1,500 公尺）闊葉樹林中頗常見，生長在比較陡峭且向陽的山坡上。近年來，外來種的陰香（Cinnamomum burmanii Bl）大舉入侵，除不具經濟價值，繁殖排它力強大，被形容為「樹木界的福壽螺」，也造成臺灣土肉桂日趨減少。臺灣原生種的土肉桂，葉內含有三種可以抑制腫瘤的類黃酮醣苷，實為臺灣珍貴森林資源。

採 蜜 地 區	臺灣中部山區（魚池鄉）。
開 花 期	臺灣的 2 至 4 月。
採 蜜	目前所知，僅有日月潭附近的王大哥有採，且有商品蜜可賣（蜜中除土肉桂為主要蜜源植物，裏頭還有甜桂、油桂與楠木花蜜）。
品 嘗 實 例	臺灣日月潭附近王姓蜂農所採「玉桂蜂蜜」。
顏 色	蜜色漂亮澄黃不透光。
香 氣 及 口 感	氣韻撲鼻，聞有近似桂花、美乃滋蘸鮮筍、冬瓜糖、拜拜用米糕的宜人氣息。以匙挑蜜，結晶細緻，質地稠密成膏狀，入口即化，氣韻甜美芳雅，攜來一些乳脂氣息（又像培養約一年左右的法國冬季 Comté 起司氣味），繼之有桂花釀混合肉桂氣味（肉桂滋味至中、後段才由漸強轉至強烈），隨後變化不大，但餘韻和緩地綿延出宜人的克林奶粉味，勾起筆者襁褓中記憶。
結 晶	容易結晶，質地相當細緻均勻。
保 存	請置陰涼處，建議開瓶後三個月內吃完；即便未開瓶，最好兩年內吃掉。
特 點	臺灣土肉桂富含肉桂醛成分，能降低動物體內的尿酸濃度，舒緩痛風症狀，並且臺灣土肉桂的肉桂醛成分比國外肉桂要高許多。

Ivy Flower Honey
20 常春藤蜂蜜

常春藤（Hedera helix）為五加科（Araliaceae）常綠蔓生藤本植物，原生於歐洲與西亞。生命力強，嚴冬不凋，四季常春，是牆面綠化與製作盆景的理想植材。傘形花序頂生，花小五瓣，色淺黃，芳香清雅。不過，適於採蜜的常春藤主要生長於溪邊或森林裡的潮濕地帶，如氣候不佳，流蜜量少而泌蜜期不長，要親嘗此蜜，實屬不易。

紐西蘭北島仲夏，蜂兒忙採常春藤花蜜。

採 蜜 地 區	歐洲，法國為多。不過，一般養蜂人較少採常春藤蜂蜜，主要將此冬蜜留給蜂兒越冬。現代人口味多元而精到，故此類罕見蜂蜜成為老饕所好。
開 花 期	歐洲及中國北方8、9月開花，十月結果，成熟果實為圓球形，色紅或深藍。
採 蜜	有大小年之別，為優良產蜜及產粉植物；然因其花蜜直接暴露在外，遇雨或多風，甚至氣候過於乾燥都會使泌蜜量大幅減少。
品 嘗 實 例	法國常春藤蜂蜜。品牌：Les Ruchers du Roy。
顏 色	深土褐色，表面具光澤，但幾乎不透明。
香 氣 及 口 感	香氣清雅幽沉，有極熟瓜香融混乾核果氣韻。拉絲流速極慢，成膏狀；觸舌極綿稠滑爽，有甜蜜焦糖乳香，微有酸度，末尾有手工炒麵茶的暖香，極淡苦韻襯後，風味極為特出。
結 晶	極易結晶且快速，不過質地綿細。
保 存	請置陰涼處，建議開瓶後三個月內吃完；即便未開瓶，最好兩年內吃畢。
特 點	常春藤不僅是極佳綠化植物，全株尚可入藥，有袪風、消腫功效；食其蜜可潤膚，活通氣血。因結晶快速，採蜜需及時而俐落，否則此蜜在蜂巢內結晶，將不利採集。

Japanese Ternstroemia Honey
21 厚皮香蜂蜜

厚皮香（Ternstroemia gymnanthera）為茶科（Theaceae）厚皮香屬（Ternstroemia）植物，常綠喬木，高約 10 公尺。樹枝赤褐色，故一般臺灣蜂農稱之為「紅柴」。葉肥厚具光澤，叢生枝端，長橢圓形。開淡白黃花，具香味。花期後，勃生深桃紅色漿果，尖頭球形。此樹生長緩慢，耐旱耐蔭，全株於嫩葉抽出時，益顯清新可人，為高級之綠籬樹、園景樹；此外，因木質細緻堅重，故為優良建材。原產於中國南部、臺灣與日本等地。厚皮香與也被稱為「紅柴」的臺灣樹蘭（Aglaia formosana）非同種植物。

採 蜜 地 區	臺灣、中國大陸、菲律賓、馬來西亞。
開 花 期	臺灣為 2、3 月開花（果實為無汁漿果）、中國則七月左右始花。
採 蜜	蜜量多。臺灣有少部分蜂農採收此蜜，因顧忌以龍眼蜜為主的臺灣市場接受度不高，有生產者只以「冬蜜」為名出售，相當可惜，應予正名。
品 嘗 實 例	臺灣中部山區厚皮香蜂蜜。品牌：宏基蜜蜂生態農場「絕對冬蜜」。
顏 色	金黃明澈，光澤度佳。
香氣及口感	以鼻探聞，初得糖漬鳳梨混合薑糖氣韻，背景襯有些許人蔘味。質地中度稠密，口感醇和優雅，有明顯的蔘片與松脂風味，韻美長，甚有肉桂馨香，極具特色，屬行家口味。
結 晶	冬天易結晶，結晶顆粒略粗。
保 存	請置陰涼處，建議開瓶後三個月內吃完；即便未開瓶，最好兩年內吃掉。
特 點	此植物可有效濾清髒污空氣，大量植栽於市區或工業區，可減低有害氣體危害；果實可提煉工業用油。食此蜜可增強氣力，降火安胃。
其他推薦品牌	台東蜂之饗宴厚皮香蜂蜜（採自屏東），呈脂稠結晶狀，口感綿滑、豐富細膩耐嘗，厚皮香經典的樹脂、松針與蔘片氣息醖釀其中。

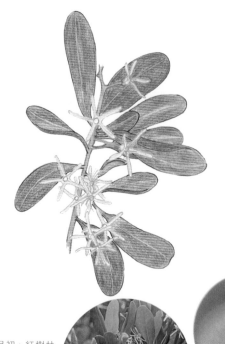

Kandelia Honey
22 水筆仔蜂蜜

水筆仔（Kandelia candel；Kandelia obovata）為紅樹科（Rhizophoraceae）水筆仔屬（Kandelia）常綠小喬木，因幼苗像一支支懸筆而得名，除臺灣淡水之外，也分布於印度和婆羅洲等地。由莖基部分枝出很多叢狀向下的支持根，裸露於地面，具海綿狀組織，可幫助吸收氧氣及濾掉大部分鹽分。對生葉，長橢圓形，光滑厚革質。樹皮灰色或紅棕色。花白至乳白色，二出聚繖花序。果實為胎生苗，長達 20 公分，含有單寧，可防止螺類、螃蟹等吃食。

八月初，紅樹林捷運站附近的水筆仔開花，很吸引各種蜂類來訪。

採 蜜 地 區	以牧蜂農莊的蜜品而言，採自淡水河口紅樹林、淡金公路旁。蜂箱放置地點距離紅樹林還有約 3 公里，同時期開花的還有咸豐草，所以會混到少量咸豐草花蜜。
開 花 期	每年 6 至 8 月份開花（約介於小暑到大暑兩個節氣之間）。
採 蜜	由於採蜜期正值颱風季，所以產量不穩，以牧蜂農莊而言，每年採一至兩次，年均產量在 300-800 公斤之間。
品 嘗 實 例	水筆仔蜂蜜。品牌：牧蜂農莊養蜂場。
顏 色	淡黃略橙，晶瑩澄透。
香 氣 及 口 感	蜜香芳馥而輕盈，聞有芒果與婉約花香，繼有甘草與漬鳥仔梨氣息，背景略有煙燻調。以匙挑蜜，流速偏快。口感順滑甘潤，中等稠度，起先有薄荷或涼草類的涼馨，續啖有雅致酸度，轉出仙楂、青梅氣，不顯膩，使有餘裕在口中多斟酌，竟生出淡淡鹹味（因水筆仔棲身淡、鹹水交接處？）尾韻佳美，以甘草橄欖以及幽微花香淡出。耐吃的好蜜。
結 晶	葡萄糖含量較高，低溫置久可能會結晶。
保 存	請置陰涼處，建議開瓶後三個月內吃完；即便未開瓶，最好兩年內吃畢。
特 點	蜂農說此蜜帶點甘蔗汁氣息（筆者品蜜時未察覺，但一如品酒，感官描述本來就帶有主觀成分）。

蝴蝶薰衣草是法國西南部的珍稀蜜源植物，其蜂蜜臺灣難尋。

Miel de Lavande Maritime
23 蝴蝶薰衣草蜂蜜

蝴蝶薰衣草，正式學名為 Lavandula Stoechas L.，一般法文稱 Lavande Maritime，但因其花穗頂端以一朵極美的淡紫蝶形花苞作結，故又有蝴蝶薰衣草（Lavande Papillon）的美稱；與普羅旺斯用以製作精油的薰衣草不同，蝴蝶薰衣草一般僅作庭園植栽觀賞用。不過許多人還不認識此形美且芬美的植物。因產蜜區侷限少數地域，可算是嗜蜜者蒐集品鑑的好物。此草不喜石灰岩地，性嬌弱，較之普羅旺斯種更怕冷，通常生長在山區遼闊的矮灌木叢裡。

採 蜜 地 區	法國東庇里牛斯山區，以及地中海的西班牙、義大利、北非地區。
開 花 期	3月底至6月，每次開花可長達數星期。
採 蜜	通常5至7月份採收蜂蜜，泌蜜量不穩，時多時少，難以捉摸。
品 嘗 實 例	法國蝴蝶薰衣草蜂蜜。品牌：法國 Le Rayon d'Or。
顏 色	略深茶色泛橘光，清透光潤。
香氣及口感	香氣芳盛眩人，卻又比普羅旺斯薰衣草蜂蜜來得清靈。拉絲，頗稠厚；含舌，脂滑順美，中段清幽，有輕盈酸度，後有茉莉芬芳混融蝴蝶薰衣草，香氛襲人，以糖漬橙橘滋味為終章落幕。
結 晶	通常4、5個月之後便逐漸結晶，結晶纖美。
保 存	請置陰涼處，建議開瓶後三個月內吃完；即便未開瓶，最好兩年內吃掉。
特 點	依傳統說法，食此蜜有助睡眠，消燥煩，除頭痛。要辨識此蜜與普羅旺斯薰衣草蜂蜜之別，可觀其結晶蜜色，它較後者色深。產區之外，極不易尋著此蜜。在法國科西嘉島，通常只能在春蜜裡尋到其味，不過因是混合多蜜源的百花蜜，味道較不精純。
其他推薦品牌	法國 Famille Mary 品牌的 Miel de Lavande Papillon。

Lavender Honey
24 薰衣草蜂蜜

薰衣草（Lavandula），屬唇形科（Lamiaceae）
芳香植物，最大產區在法國南部的普羅旺斯。開
香氣馥郁的紫藍小花，性喜乾燥，花形如小麥穗
狀，莖幹細長，葉片窄長灰綠色。古羅馬人使用
薰衣草沐浴薰香，希臘人則用來治咳。據說，在
黑死病肆虐的中世紀，法國南方格拉斯城製作手
套的工人，因常以薰衣草油精浸製皮革，
因此逃過鼠疫感染。此一說法或有些
真實性，因鼠疫病菌乃經由跳蚤傳
播，而薰衣草正可驅蚤。

採 蜜 地 區	法國南方，尤以產製薰衣草香氛產品為最的普羅旺斯為最大蜜區。
開 花 期	6 月底至 8 月初，漸次開花，有助延長花期，利於採蜜。
採 蜜	通常 7 月底開始採蜜，如遇氣候乾旱或風勢過猛則泌蜜少。
品 嘗 實 例	法國 Miel Factory 品牌薰衣草蜂蜜。
顏 色	漂亮鵝黃色，亮澤誘人。
香 氣 及 口 感	開罐，迎來淺淺薰衣草香氛，但猛烈而搶戲的反倒是肉桂氣息；拉絲，流速緩，質地稠厚；入口，綿稠膏滑，有適切酸度，中後段香料味鮮明，除薰衣草、肉桂、還有迷迭香點綴，尾韻綿長，以肉桂、薄荷與風乾橙皮滋味作結。
結 晶	通常半年之後便逐漸結晶，結晶纖細。
保 存	請置陰涼處，建議開瓶後三個月內吃完；即便未開瓶，最好兩年內吃畢。
特 點	食此蜜，有助舒緩頭痛。因其所含花粉粒相對較少，所以要辨其真假，只靠「花粉鑑定」是不夠的，還需專家口嘗輔助檢測。古羅馬時代，薰衣草花一磅的價錢，約等於當時一名農場工人的月薪。
其他建議品牌	法國 Lune de Miel 品牌薰衣草蜂蜜（入口綿密，酸度挺身，後便有薰衣草香氛展延，以清幽薄荷與肉桂甜辛結尾）

Leatherwood Honey
25 皮革木蜂蜜

皮革木（Eucryphia lucida）原生於澳洲塔斯馬尼亞島，屬於密藏花屬（Eucryphia），塔島還有另一種位於較高海拔但形體較小的 Eucryphia milliganii 皮革木，兩種都是塔島皮革木蜂蜜的蜜源植物，不過以前者為大宗。在本島所販售的蜂蜜中，皮革木蜂蜜就佔七成，可見此蜜對於島上養蜂業的重要性。此外，總部位於義大利的慢食組織將此蜜遴選為「諾亞方舟風味選單」（Arca del Gusto）食品之一。要被選入，某食物或食材必須來自特定區域、具獨特風味、無法量產，且有可能面臨絕跡風險者，可見此蜜非浪得虛名。

採 蜜 地 區	澳洲塔斯馬尼亞島。
開 花 期	塔斯馬尼亞島的 1 至 3 月。
採 蜜	冬天雨量充足，春天不過於乾燥，夏季溫和穩定，不能低於攝氏 20 度，但也不能高於 30 度，不然會產生落花情形。皮革木也有花粉可採。
品 嘗 實 例	皮革木蜂巢蜜（Leatherwood Honeycomb）。品牌：澳洲 Tasmanian Wilderness。新藍實業代理。
顏 色	淡黃晶透。
香 氣 及 口 感	此採自塔斯馬尼亞島的巢蜜，一開盒便芬芳撲鼻，先嗅到灌木叢與茶樹精油氣息，繼之以桃、梨、蘋果類的熟果香為主調，背景飄盪有八角與肉豆蔻鼻息。入口，以舌輕輕壓下，蜂蠟綿柔消融成小球，蜜汁泊泊滲流味蕾，甜潤絲稠帶酸香，還嘗出紅糖、紅棗、原野小花、黃肉小玉西瓜滋味，以些微香料氣息（迷迭香）與刺激感作結（有些年分或批次的蜜色略深，風味略重些，可能是混到少量麥蘆卡蜂蜜）。
結 晶	此天然巢密保存溫度最好在攝氏 18-20 度，溫度過高久了易損壞風味與抗菌性，過低易結晶，比較不方便食用（放冷凍庫並不會結晶）。
保 存	在臺灣的氣候下，能放電子葡萄酒櫃裡最佳。
特 點	塔斯馬尼亞島西部雨林特產，即便是澳洲大陸也因氣候不適合無法產出。
其他建議品牌	巴黎 La Maison du Miel 品牌的 Miel de Leatherwood（同樣來自塔斯馬尼亞，結晶狀，具有茶樹精油與筍乾氣息）。

來自心島的頂級蜂巢蜜

2015 年重訪巴黎，主要是為一探城市養蜂在花都的現況，筆者餘暇時順便重訪百年老蜜店「蜂蜜之家」（La Maison du Miel）。在該店中，我首次嘗到產自澳洲南部塔斯馬尼亞島（面積是臺灣 2.5 倍大，心形島嶼）風味特殊的皮革木蜂蜜，極為喜愛，便下手買了一罐，攜回台北細細品嘗並筆記其風味。未料，幾個月後在台北遇到一專營塔島高端農產品的新興進口商，相談甚歡之餘，也品啖其所引進的皮革木蜂巢蜜；相較之下，未經搖蜜機離心萃取裝罐的蜂巢蜜，風味更為芬芳飄逸，口感更加精緻具有細節，實是皮革木蜂蜜典範（皮革木蜂蜜最好，就是這樣了！）

皮革木蜂巢蜜芬芳撲鼻，天然蜂蠟吃下無礙　皮革木花開正盛；50 歲以上皮革木才有數量可觀的花蜜。
健康。

Lemon Tree Honey
26 檸檬樹蜂蜜

檸檬屬芸香科（Rutaceae）柑橘屬（Citrus）常綠果樹，源產於印度，5 世紀才引進義大利，後蔓延地中海沿岸，今美國加州產量盛大。枝葉繁茂強壯，樹高 3 到 6 公尺。葉片圓大，開白花，氣味芳馥，花朵邊緣時有嫩粉紅色澤，開於樹枝尾端。果實用途多，除食用外，可製精油以及各式化妝品。於生活應用上，可拭去砧板與雙手魚腥味，還可去除冰箱異味；洗碗時在洗潔劑中加些檸檬汁，可以提高洗潔效果。

採 蜜 地 區	澳洲、美國、中東國家、地中海沿岸之西、義、法等國及中國廣東地區。
開 花 期	歐洲夏秋的 8、9 月開花，花期可長達一個月。中國為 6、7 月展花，以蜜蜂授粉，作果更易。
採 蜜	歐洲地中海國家，8、9 兩月最盛。以色列、巴基斯坦、委瑞內拉採蜜量多。澳洲的檸檬樹花粉產量較豐。
品 嘗 實 例	法國檸檬樹蜂蜜。品牌 Lune de Miel 牌（駿伸企業進口）。
顏 色	稻桿偏亮卡其色，濃厚不透光。
香 氣 及 口 感	釋出有漬檸檬果醬香氣，淡雅卻沉厚，以匙挑絲，則呈脂綿稠厚，近膏狀，黏度極大；清甜美韻中還嘗有黃檬皮、白花香，陣陣幽香挑人。末段有美好酸度引涎。
結 晶	遇冷結晶，速率偏緩，顆粒極細。
保 存	請置陰涼處，建議開瓶後三個月內吃完；即便未開瓶，最好兩年內吃畢。
特 點	清甜可口，富含維生素。化氣和胃，兼提高免疫力，更收養顏美容之效。老少皆宜之美味滋養品，甚受女性朋友歡迎。
其他建議品牌	法國 La Maison du Miel 品牌 Miel de Citronnier（採蜜地區：西班牙）。

Lichee Honey
27 荔枝蜂蜜

荔枝別名離枝，詩人白居易曾描述其果實在採下
4、5 日後，色、香、味均不復存，故稱為離枝。
無患子科（Sapindaceae），常綠喬木，樹高 7 至
20 公尺，樹冠傘形，花綠白色或淺黃，簇生於圓
錐花序上，每一花序有小花 5 百至 1 千枚。荔枝為
亞熱帶植物，喜溫暖濕潤氣候，在表土深厚、有機
質豐富的沖積土上長得最好。荔枝花期較長，泌
蜜豐饒，但易受氣候影響，為產量高卻泌量不
穩的蜜源植物，是臺灣繼龍眼蜜之後，最受歡
迎的蜜種。

採 蜜 地 區	臺灣南部（如台南、高雄），大陸則為廣東、福建一帶，泰國也是主要產地。
開 花 期	臺灣一般於 2 月下旬至 3 月開花，大流蜜則在 4 月下旬。
採 蜜	荔枝泌蜜適溫為攝氏 18-24 度。如霧露重、溼度大則泌蜜多，但含糖量較低，蜜蜂通常等待花蜜水分蒸發轉稠才採集。
品 嘗 實 例	高雄大樹玉荷包蜂蜜。品牌：蜂巢氏。
顏 色	漂亮略帶橘光的金黃蜜色。
香 氣 及 口 感	湊鼻近聞有橘皮、甘草、芒果甜馨，背景有剝殼後久置的荔枝皮氣味。購買時，此蜜已結晶，故挑起成大塊糖飴狀，唅入，結晶入口即化，質地細緻爽口，接著有濃郁檀香結合風乾橙皮與荔枝果味，後段有可口適切的酸度，尾韻淨爽，略有香料刺激感，回韻佳。
結 晶	葡萄糖含量高，較易結晶，如形成則晶體細密。
保 存	請置陰涼處，建議開瓶後三個月內吃完；即便未開瓶，最好兩年內吃畢。
特 點	食其蜜，可益色、提神健腦。臺灣主要以「黑葉種」荔枝為蜜源植物，因「玉荷包種」的蜜較易結晶，不易銷售，故少採（近年民眾觀念改變，已較不排斥結晶蜜）。另因玉荷包經濟價值較高，果農常灑荷爾蒙催熟促產，其蜜可能有些微苦韻。
其他建議品牌	蜂之饗宴「丹荔蜂蜜」：甘滑唅之不膩，風味奔放飽滿，口齒留香。台南新興養蜂園荔枝蜜：清爽不過於稠厚，略酸，中段有乳脂佈舌之感。

六月在巴黎市中心綻放的椴樹花香誘蜂也引人。

Linden Tree Honey
28 椴樹蜂蜜

椴樹（Tilia），別名菩提樹，落葉喬木，高約20至30公尺。其花可製花茶，是歐洲家常睡前安穩情緒、助眠的飲品。如能在椴花花茶裡加上兩匙椴花蜂蜜，最完美不過。重瓣的椴樹品種則通常用於製造香水。葉片基部呈心型，前端短尖，邊緣有鋸齒。聚傘花序，每個花序上有花十幾朵，花淡黃色，果實球型。椴樹喜土層深厚，土質較豐沃的土壤。

採 蜜 地 區	東、西歐，不過大量的法國、德國椴樹蜂蜜其實產自東歐。中國東北黑龍江省饒河縣也是著名產區。
開 花 期	歐洲為 6 月，中國黑龍江為 7 月初。
採 蜜	椴樹流蜜易受大小年影響，小年花少蜜少。泌蜜適溫攝氏 20 至 25 度之間，氣溫高、溼度大，流蜜較多。此蜂蜜也常摻有少量甘露蜜，含較多礦物質。
品 嘗 實 例	椴樹蜂蜜（產區在羅馬尼亞）。品牌：德國 Hoyer Honig（維格生技有限公司代理）。
顏 色	深淺亮鵝黃，不透光。
香 氣 及 口 感	椴樹花香極明顯，且摻混有令人舒坦的乳脂香。拉絲綢滑縝密，口感沾綿柔順，一入口，其經典的薄荷清香爽涼氣息立即突顯，末段有些許肉桂味浮現，迷人精緻。
結 晶	椴樹品種多樣，結晶速度各不相同，晶體粗細中等。
保 存	請置陰涼處，建議開瓶後三個月內吃完；即便未開瓶，最好兩年內吃畢。
特 點	某些氣候下，椴樹的枝葉會因蚜蟲而分泌甘露，故椴樹蜜頗常會有蜂蜜以及甘露蜜同時存在的情形。食用此蜜，對精神緊張或受失眠困擾者頗有助益；含有鈣、錳、磷等礦物質。目前，法國泡製花茶用的椴樹乾燥花多來自羅馬尼亞。

Longan Honey
29 龍眼蜂蜜

龍眼（Euphoria longana），別名桂圓、福圓。與荔枝同屬無患子科常綠喬木，高 10 至 20 公尺。此樹喜歡溫暖氣候、土層深厚排水良好地區。花期一個多月，流蜜量大，花粉較少，為臺灣最主要蜜源。花小，黃白色花，常是幾千朵小花同時聚生，形成頂生的密錐花序，比單朵大花更能吸引昆蟲為其傳粉。早晨霧露重，白天晴朗時，泌蜜多。

採 蜜 地 區	臺灣中南部、中國以福建、廣東、廣西為多；泰國也是主要產國。
開 花 期	臺灣花期以高屏地區最早，約是 3 月下旬至 4 月中旬，中國廣東略同，但四川的瀘洲則要 5 月初才開花。
採 蜜	開花前雨水充足，枝葉茂盛則流蜜多。但久雨不晴會使花朵凋腐，花蜜減少。但久旱不雨則展花不茂，泌蜜少甚且不泌蜜。易有流蜜大小年之區別（通常一年大開，一年小開）。愈是往南，蜜色愈深。
品 嘗 實 例	牧蜂職人成熟龍眼蜜。品牌：宏基蜜蜂生態農場。
顏 色	晶亮淡琥珀色（若顏色過深，有可能經過加溫濃縮）。
香 氣 及 口 感	鼻息芳馥但維持雅緻（若焦糖味過重，可能經過加熱濃縮），帶有滋美紅糖煮龍眼乾糯米粥氣味，背景尚釋有紅玉茶湯芬芳以及一絲絲煙燻氣息。以匙挑蜜，中等偏快流速，口感極綿稠婉約，質地絲滑，芬芳自口腔鑽入鼻後腔，氣韻縈繞良久，咬有煙燻龍眼乾、紅糖、肉桂氣息；尾韻佳，嚥入喉，有輕微辛辣刺激感，表示此蜜新鮮且未經機器加溫濃縮。
結 晶	屬高溫流蜜蜜種（攝氏 25 度流蜜），不會結晶；如結晶，表示摻有一些前期的荔枝蜜在裏頭。
保 存	請置陰涼處，建議開瓶後三個月內吃完；即便未開瓶，最好兩年內吃畢。
特 點	香氣濃烈悠揚，因此成為臺灣人最鍾愛也是知名度最高蜜種。有收心脾兩虛、氣血不足之效用。
其他建議品牌	新竹花王養蜂園臺灣龍眼蜜、泉發龍眼巢蜜。

Loquat Honey
30 枇杷蜂蜜

枇杷（Eriobotrya japonica）乃薔薇科枇杷屬（Eriobotrya）常綠小喬木果樹，又名盧桔、蘆橘、金林子、金丸、琵琶果（果形似琵琶樂器）。樹高3至8公尺，葉厚深綠倒卵形（或長橢圓），背有絨毛；開五瓣乳白色小花，具清香，每花序著生60至200枚花。枇杷與大部分果樹不同，在晚秋至初冬開花，果實在晚春至初夏成熟，早於其他水果，被稱為「果木中獨備四時之氣者」。枇杷樹形頗美，生長迅速，綠意盎然，也被栽為園藝觀賞植物。筆者至智利採訪時，意外發現該國也植有多枇杷樹。

台東的枇杷樹在一月份盛開。

採 蜜 地 區	中國安徽省黃山市歙縣綿潭村。
開 花 期	以安徽而言，開花在11月至隔年1月（採果約在5月份）。開花時先吐花粉再流蜜，流蜜最佳氣溫約攝氏20度。
採 蜜	由中華蜜蜂所採。
品 嘗 實 例	中國安徽省黃山市枇杷蜜。品牌：三潭土蜂枇杷蜜（汪招龍蜂場）。
顏 色	極淡黃而清透。
香 氣 及 口 感	鼻息清甜雅致，帶有原野小花、蜜瓜、一絲冬瓜糖條氣韻；以匙挑起，中等流速。入口，質地綿密，甘潤清甜，風雅自然，流暢適口，微酸醒神，中後段略有輕微香料刺激感（馬鞭草花茶之類），整體氣質婉約卻風味飽含，饗食多匙卻毫不顯膩，尾韻以小白花、蜜瓜、小玉西瓜滋味作結，接續真蜜常會有的極微喉頭搔刺感，末了留有甘潤喉韻長久。
結 晶	基本上結晶不易，但遇到長期冬季低溫，還是可能發生。
保 存	請置陰涼處，建議開瓶後三個月內吃完；即便未開瓶，最好兩年內吃掉。
特 點	臺灣雖有枇杷果樹種植（台中縣最多），但或因顧忌農藥傷蜂，未有蜂農採收上市。乾燥枇杷花可泡花茶，滋味淡雅潤喉。

Macadamia Honey

31 夏威夷豆樹蜂蜜

夏威夷豆樹屬山龍眼科（Proteaceae）澳洲堅果屬
（Macadamia）常綠喬木，共 9 種，廣泛分布於澳
洲東部（7 種）、法屬新喀里多尼亞（1 種）與印
尼蘇拉威西島（1 種），後傳布到夏威夷以及紐西
蘭等地。此樹的葉片呈橢圓或倒卵形，邊緣有鋸齒，
花為細長的總狀花序，單個花長約 1 至 1.5 公分，
花色介於白色與粉紅之間。果實為堅硬的木質小
球，內含 1 到 2 個可供食用的種子，臺灣一
般稱為夏威夷豆，英文除了 Hawaii nut 外，
還 有 Queensland nut、bush nut、maroochi
nut 以及 bauple nut 等多種稱法。

採 蜜 地 區	夏威夷、澳洲（澳洲是夏威夷果最大生產國）、紐西蘭。
開 花 期	夏威夷於冬季開花；澳洲在 6 月到 9 月開花。
採 蜜	由於夏威夷豆樹的花粉蛋白質含量不是特高，蜜蜂還會採其他蜜粉源以補充體力，以壯大群勢，所以澳洲的蜜中可能會混到附近的尤加利樹花蜜。
品 嘗 實 例	夏威夷豆樹蜂蜜。品牌：澳洲 Beechworth Honey 公司。
顏 色	透光、較淡的橙褐蜜色（近似東方美人茶湯色），光澤佳。
香 氣 及 口 感	初聞有早期台式漬芒果乾（濕式）氣息、略微乳脂氣（近似牛軋糖），繼有早期團塊狀的烏龍老茶茶韻以及煙燻調；以匙挑蜜，流速緩慢，稠度極高，似麥芽糖狀，口啖綿密黏稠，釋有紅茶、甘草、鹽炒夏威夷豆與煙燻龍眼乾味，中後段有蔘片味，酸度內藏（直至最後才辨識出一絲絲），整體不覺甜膩，後韻雖短，卻很耐食的蜜種。
結 晶	遇低溫，相當容易結晶。
保 存	請置陰涼處，建議開瓶後三個月內吃完；即便未開瓶，最好兩年內吃畢。
特 點	在夏威夷，常將夏威夷豆樹蜂蜜拿來釀造微甜的蜂蜜酒，飯後飲用助消化。夏威夷豆含有豐富 Omega-3 脂肪酸，食之有助減少體內發炎與三酸甘油脂含量。

Manuka Honey
32 麥蘆卡蜂蜜

麥蘆卡（Leptospermum scoparium）為桃金孃科（Myrtaceae）薄子木屬（Leptospermum）植物，是紐西蘭與澳洲特有種，因毛利人以及英國探險家庫克船長以此泡製茶飲，故當地人也稱它為茶樹。麥蘆卡可長成灌木叢或小樹，開白花（也有帶粉紅的樹種）。毛利人以其樹幹表皮製為糊劑服用，以治感冒與胃痛。

英國科學家莫蘭博士（Peter Molan）領導紐西蘭懷卡多大學（Waikato University）生化小組研究發現，麥蘆卡蜂蜜具有優良的抗菌效果，內服可治胃潰瘍，以此製成抗菌紗布，敷貼傷口可加速癒合。

採 蜜 地 區	紐西蘭北島與南島，尤以北島的東北岸的麥蘆卡樹所產之蜜，具有較強抗菌效果。澳洲南部以及塔斯馬尼亞島也可採到麥蘆卡蜂蜜。
開 花 期	紐西蘭的晚春與初夏最盛，約 11 月至 1 月，樹最高達 8 公尺。
採 蜜	除了蜜蜂採麥蘆卡花蜜，其樹也常有「麥蘆卡甲蟲」（Eriococcus orariensis）吸食樹汁，並排出糖分，由蜜蜂再加以採食釀蜜，故此蜂蜜也常摻有少量甘露蜜。
品 嘗 實 例	紐西蘭 Manuka 蜂蜜，UMF+20。品牌：紐西蘭 Comvita（康為他）。
顏 色	深稻稈黃，不透光。
香 氣 及 口 感	略刺激的蜂膠、焦糖、松脂氣味盈鼻，拉絲稠厚綿滑。置舌綿密柔化，輕盈順口，繼有木本、麥芽糖、龍眼乾況味。尾韻有稻穀秋收後，置於烈陽下曝曬的暖香，隱現清幽酸度。
結 晶	含有較少葡萄糖，較不易結晶。
保 存	請置陰涼處，建議開瓶後三個月內吃完；即便未開瓶，最好兩年內吃掉。
特 點	麥蘆卡蜂蜜被證實較其他蜜種有更佳抗菌性。有些廠家會標示獨麥素（Unique Manuka Factor，簡稱 UMF）數值，數字越高，抗菌越強，如本頁品試樣本為 +20，屬高抗菌性蜂蜜。由麥蘆卡蜂蜜所製成的日常保養品也受到消費者歡迎，如 Wild Ferns 出品的麥蘆卡蜂蜜護手霜。

麥蘆卡開花後所結的可愛小蘋果。

麥蘆卡蜂蜜為何優於其它蜂蜜？

所有的蜂蜜都具備或多或少的抗菌性，但一般蜂蜜的抗菌性均來自「過氧化氫抗菌活性」（Hydrogen Peroxide Activity，簡稱 HPA），這種活性會受光線、加熱程序以及較長時間的高溫儲存而破壞；因此，雖然臺灣的咸豐草蜂蜜具有優異的抗菌性，但臺灣市面上可以買到的咸豐草蜜都經過加溫濃縮（或許保存也欠佳），因此抗菌效果大大降低。相對地，醫療級麥蘆卡蜂蜜裡的「非過氧化氫抗菌活性」（Non Peroxide Activity，簡稱 NPA）較為穩定，不易被高溫與光照破壞，能長時間保持優良抗菌活性，因而在醫療用途上優於其它蜂蜜。

1982 年，最先發現麥蘆卡蜂蜜擁有 NPA 的莫蘭博士制定了 UMF 指數，用來標示麥蘆卡蜂蜜裡的非過氧化氫抗菌活性水準，指數愈高，抗菌活性也愈高。然而莫蘭博士在 1998 年將 UMF 登錄使用商標權，目前只有紐西蘭麥蘆卡蜂蜜有權使用這項指數。UMF 指數等同於 NPA 指數：即 NPA 10=UMF 10。UMF 5+ 至 UMF 9+ 的麥蘆卡蜂蜜屬於一般保健用途，UMF 10+ 為一般治療性用途，再更以上（如 UMF 20+）便屬醫療級高抗菌性麥蘆卡蜂蜜，售價也隨抗菌性增加而水漲船高。

2006 年，漢勒教授（Thomas Henle）研究發現，麥蘆卡蜂蜜的非過氧化氫抗菌活性主要來自其花粉裡的甲基乙二酸（MGO；Methylglyoxal），MGO 的濃度愈高，麥蘆卡蜂蜜的抗菌功效亦愈高。麥蘆卡蜂蜜若含超過 100 mg/kg （ppm）的 MGO，就會標為 MGO 100+；依此類推，若超過 400mg/kg，則以 MGO 400+ 標示。

以下列出 UMF 指數以及 MGO 濃度對照表，方便讀者買蜜時對比。

UMF 指數	UMF 5+	UMF 10+	UMF 12+	UMF 15+	UMF 18+	UMF 20+
MGO（ppm）	83	263	356	514	696	829

Mori Cleyera Honey
33 森氏紅淡比蜂蜜

森氏紅淡比（Cleyera japonica Thunb. var. morii）為茶科紅淡比屬（Cleyera）常綠喬木，株高可達 10 公尺，為臺灣特有種，又名森式楊桐，外表酷似榕樹。生於全島平地原野及低海拔山地，但北臺灣更常見（尤以基隆附近山區最多），最高可達海拔 800 公尺處。除是優良綠化樹種，因其心材緻密，也被用來　製作車輪軸心、小器物與手工藝品。開 5 瓣黃白色花，數朵簇生葉腋，呈長橢圓形，盛開時會飄散淡雅幽香，果實為球形漿果。

採 蜜 地 區	包括北臺灣的基隆、雙溪與五股山區。
開 花 期	初夏六月開花，夏末至秋季結果。
採 蜜	採蜜蜂種為中華蜜蜂（或稱野蜂），義大利蜂不採森氏紅淡比。
品 嘗 實 例	臺灣東北角（雙溪）紅淡蜜。品牌：青岩瓦舍體驗農場。
顏 色	漂亮清透的琥珀、紅茶色澤。因此蜜含酶量較高（水份也略高），容易發酵，倒出後，會產生微小綿密泡沫。
香氣及口感	一開罐就蜜香奔放誘人，初聞有糖漬紅薯、台式濕式糖漬愛文芒果乾氣息，繼而有烏梅、甘草片與輕微的肉豆蔻與花香。以匙挑蜜，中等流速，口感綿滑柔美，酸香滋涎（筆者嘗過酸度最鮮明爽利之蜜；酸度會因年分之別稍有不同），氣韻由肉桂、菸草領銜，繼銜接以芒果乾、煙燻調與伯爵紅茶氣息，中後段有洛神烏梅汁風味，終以優酪乳的綿密酸沁收結，尾韻綿長。
結 晶	通常不結晶，但某些年分（若少量摻有其它蜜源，如烏桕）的紅淡蜜久放冰箱超過半年可能會產生些許晶體（尤其吃剩半罐者），此蜜建議放冰箱冷藏。
保 存	即便放冰箱，也建議一年內吃完。
特 點	品之不膩，再三啖食，仍意猶未盡，可謂臺灣最優美酸香的特有蜜種。

Orange Honey
34 柳橙蜂蜜

柳橙，因閩南語「橙」、「丁」發音相近，在臺灣又稱柳丁。為常綠灌木或小喬木，屬柑橘類，葉互生，長卵形，花純白或黃白，香氣撲鼻。歐洲的柳橙蜜大多來自西班牙，地中海沿岸國家如義大利也有生產。《本草綱目》說，以其製醬，醋味極香美，食後可散腸胃惡氣；以鹽醃製後食，可止噁心、解酒病。

然而近年臺灣柳丁種植面積密度過高，生產過剩，出現果賤傷農窘景，有些農戶轉型為「柳丁果園民宿」與餐廳經營，以拓展另一契機。

採蜜地區	氣候炎熱地區的地中海國家，如西班牙、義大利。此外，中美洲、南美洲，以及非洲熱帶氣候地方。臺灣雲林古坑地區有時也產柳丁蜜，不過因為農藥噴灑多，蜜蜂死傷大，一般蜂農避之唯恐不急。
開花期	歐洲花期約在 4 月份，臺灣較早，約 2、3 月份。
採蜜	初開花呈杯狀，花蜜分泌較多，當花冠張開，花瓣輻射狀展放時，泌蜜減少。如至花瓣彎曲，泌蜜即停止。
品嘗實例	義大利西西里島柳橙蜜。品牌：德國 Hoyer Honig。代理：維格生技有限公司。
顏色	呈淡乳黃脂白，不透明。
香氣及口感	香氛中尋有有甜橙的清爽芳美與淡淡涼馨。以匙挑起，極稠密，流速極緩慢；入口稠綿爽口，有雅致幽酸，續之以清甜橙肉香氣，後段出現有橙花開展與柔淡薄荷涼馨。
結晶	結晶緩，相當細美。
保存	請置陰涼處，建議開瓶後三個月內吃完；即便未開瓶，最好兩年內吃畢。
特點	飯後食用一匙，可助消化、和緩胃腸。臺灣是柳丁生產大國，假使果農與蜂農能夠協調農藥使用時機，或改為有機種植，則臺灣可望生產大量的美味柳丁蜂蜜。
其他建議品牌	蜂國養蜂場柳丁蜜（採蜜地區：南投中寮）、品峻蜂業坊柳丁花蜂蜜（採蜜地區：雲林古坑）。

Pomelo Honey
35 文旦蜂蜜

文旦（Citrus maxima；Citrus grandis）為芸香科柑橘屬果樹，屬柚子的一種。《漳州府志》：「柚最佳者曰文旦，出長泰縣，色白，味清香，風韻耐人。」植株樹齡達 10 年以上者，所生產之果實品質最佳，樹齡越高結果越多，樹齡可達20 至 40 年。樹勢旺盛，樹形大張，成樹通常 5 至 7 公尺寬。文旦皮切絲，日曬後燻燃，可提神醒腦、驅除蚊蟲。花蓮縣東臨太平洋，西倚中央山脈，氣候得天獨厚，所產文旦品質絕佳。

採 蜜 地 區	臺灣花蓮、台南等地。中國南部之廣西、福建等地。
開 花 期	臺灣每年 2 至 4 月為花期（8、9 月為文旦採收期）；中國則 5、6 月開花。以蜜蜂授粉，可促文旦果質提升、產量增加。
採 蜜	以臺灣而言，3 至 4 月是最佳採蜜期。
品 嘗 實 例	花蓮文旦蜂蜜。品牌：福昶養蜂育種場。
顏 色	蜜色澄黃清透略帶橘光，如東方美人茶色。
香 氣 及 口 感	湊聞，有清甜柚花香；以小匙挑聞，逸散出柑橘屬果肉的熟美風情，入口絲綢滑潤，有細美小結晶，中段有些許百香果果醬香，餘韻長美，還帶有芭蕉香脂氣。
結 晶	遇冷結晶，速度較緩，顆粒細膩。
保 存	請置陰涼處，建議開瓶後三個月內吃完；即便未開瓶，最好兩年內吃畢。
特 點	此蜜可迅速補充熱量，恢復活力，且清雅爽口，具天然清香，炎夏食用，可防中暑，並有止咳、潤喉、安神、助消化等功效。此外，柚皮風乾便可驅蚊，以酒精浸漬一週就能當防蚊液使用。

Paperbark Honey
36 白千層蜂蜜

白千層（Melaleuca leucadendra Linn.）為桃金孃科
白千層屬（Melaleuca）植物，臺灣又稱為脫皮樹，
其俗稱還包括白瓶刷子樹與千層皮。白千層是大喬
木，樹高可達 35 公尺，樹幹通直，樹皮淡褐色，呈
海綿質薄層，常能一層層剝離，故又被稱為剝皮樹。
開小白花，密集排列呈穗狀花序，花序長 5 至 15 公
分，果實為蒴果。千層屬目前共有超過 2 百種
以上的樹種，原產於澳洲，後分布至印度、馬
來西亞與中國南部，在台北常被植為行道樹
（如民權東路、明水路等），也是庭園綠蔭樹。

採 蜜 地 區	幾乎全台都可採，是台北市主要蜜源植物。
開 花 期	夏季與秋季開花，一年可開 2 至 3 次，花期長，花粉少，花蜜多。
採 蜜	由於蜜味特殊，採集販售的蜂農並不多，多留給蜜蜂當糧食。
品 嘗 實 例	日月潭附近王姓蜂農所產 6 月份白千層蜂蜜。
顏 色	深土黃、不透光。
香 氣 及 口 感	寫筆記前已嘗過，當時就是鮮明地瓜味，數月後除轉變為更濃縮的糖漬地瓜味，還出現奇特的蔭瓜鹹香以及日式海苔醬氣息。放電子酒櫃攝氏 17 度環境數月後已結晶，以匙挑蜜，呈密實半結晶團塊狀，入口綿密，有紅糖、烤栗、鹹菜與類似將鹽之花灑在森永牛奶糖上的滋味，很特殊，尾韻仍是無所不在的番薯氣，背景有微酸；不是人人喜愛的特殊風味蜜。
結 晶	放置冰箱或電子酒櫃超過兩個月通常會結晶，晶體細或略粗。
保 存	請置陰涼處，建議開瓶後三個月內吃完；即便未開瓶，最好兩年內吃畢。
特 點	所有蜂蜜裡最具地瓜味者，養蜂朋友說在大流蜜且蜜蜂忙碌進蜜期，整屋會蒸蘊著烤地瓜香。此外，摻入紅豆湯裡非常契合。早年物資缺乏，學生常拿白千層樹皮當作橡皮擦使用。
其他建議品牌	三奇蜜蜂農園之百花夏蜜（採蜜地區：桃園觀音。主要蜜源為白千層與咸豐草。具有紅糖、煙燻調與炭烤黃肉地瓜香）。

Pilose Beggarticks Honey
37 大花咸豐草蜂蜜

大花咸豐草（Bidens pilosa L. var. radiata Sch.）又名恰查某，為菊科（Compositae）鬼針屬（Bidens）多年生草本，高約 30 至 100 公分。生長在荒地、路邊、果園或林內隙地。稱其為「白花婆婆針」或是因人行旁過，衣服上便沾惹黑色刺針，故名；但如此一來，人們已經幫它完成播種、綿延後代的目標。咸豐草其實分 3 種，臺灣目前以外來種的大花咸豐草（由蘆洲蜂農李錦洲引進）為多，原生種的小花咸豐草（B. pilosa var. minor）及鬼針草（B. pilosa var. pilosa）因前者強勢入侵而逐漸稀少，筆者反而在中國雲南以及貴州等地看到郊野還存有不少小花咸豐草。

大花咸豐草一年四季皆可開花，為極佳蜜源植物。

採 蜜 地 區	臺灣全省。雖大花咸豐草來自南美，但當地似乎並不時興採蜜。
開 花 期	四季開花。大花咸豐草的嫩葉可食（原生園食草柴燙鍋店可以吃到）。
採 蜜	產蜜兼產粉植物，粉量多，可為輔助甚或重要粉源。
品 嘗 實 例	臺灣桃園大園區咸豐草蜜（峰生養蜂場）。
顏 色	橘中帶黃。
香 氣 及 口 感	初聞有奔放的濕式芒果乾氣息（此種芒果乾屬筆者的兒時回憶，現已少見），細細湊聞，帶有一絲煙燻以及紅棗乾氣韻；搖晃瓶身再近聞，尋有風乾橘皮香；以匙挑蜜，流速偏快；口感清雅微酸，不特稠，卻底蘊十足，還帶些礦物鹽旁韻，尾韻綿長，以漬鳥仔梨、紅色漿果水果糖、仙楂片等滋味緩步落幕。
結 晶	有結晶傾向，顆粒細緻。
保 存	請置陰涼處，建議開瓶後三個月內吃完；即便未開瓶，最好兩年內吃掉。
特 點	咸豐草乃民間青草茶重要原料，也可以當藥材。飲其蜜，可達清涼降火、解毒、利尿之效。登山林間迷途，可充當救荒野菜。另，峰生養蜂場的咸豐草蜜採自繼箱封蓋蜜，未經加熱濃縮，風味純真。
其他建議品牌	臺灣雲林咸豐草蜂蜜（臺一蜂業）。

Pineapple Honey

38 鳳梨蜂蜜

鳳梨（Ananas comosus）為多年生草本，又稱旺來、黃萊。《臺灣府志》：「鳳梨，葉薄而闊，而緣有刺，果生於葉叢中，果皮似波羅蜜而色黃，味甘而微酸，先端具綠葉一簇，形似鳳尾，故名。」花為多數小花聚合體，果實則為多數小果集合而成之聚合果。

原產南美洲，臺灣栽培鳳梨始於康熙末年，距今約三百餘年。

採蜜地區	臺灣目前只有雲林古坑有產，蜂農吳正光為復興此業第一人，在「一之鄉公司」的王仕杰先生鼓舞下，再度生產古早味「旺來蜜」。除了澳洲黃金海岸的 Tropical Fruit World 農場也產此蜜，鳳梨蜜已經是鮮少聽聞的珍寶。
開花期	在臺灣，花期主要集中在春、秋兩季，各為 3 月及 10 月左右。
採蜜	主要分布於臺灣的中、南、東部各地及海拔較低的山坡地，蜜量多，可為輔助蜜源。
品嘗實例	臺灣雲林古坑鳳梨蜜，蜂農：吳正光。銷售：覓・蜜蜂蜜專門店。
顏色	透亮琥珀色，似鐵觀音茶澤。
香氣及口感	芳香顯著，極熟鳳梨氣韻略帶柑橘清酸的氣味，以匙拉絲，滴速頗快；口感綿密柔滑，清甘飄逸，尾韻略酸略鹹，似開胃梅粉，頗具個性。不過，因鳳梨田旁有咸豐草雜生，故也混些後者特色。
結晶	遇冷可能會結晶，但較少見。
保存	請置陰涼處，建議開瓶後三個月內吃完；即便未開瓶，最好兩年內吃畢。
特點	筆者並不時興調製蜂蜜水飲用，但此鳳梨蜜以水相調，飲來似百香果汁，又恰似土芒果汁，著實有趣。具有利尿、解熱、解暑以及整腸助益。臺灣經多年農產技術研發，生產有金鑽鳳梨、牛奶鳳梨、釋迦鳳梨等多種高甜度的臺灣特色品種。

Raspberry Honey
39 覆盆子蜂蜜

覆盆子（Rubus idaeus）又稱懸勾子，屬薔薇科植物，即是韓劇《大長今》中所提到的山草莓，適宜冷涼氣候中生長，果實常見的有紅、黃兩種，滋味酸甘爽口。歐美婦女慣飲覆盆子茶，以加速產後子宮收縮。覆盆子含有大量類兒茶素和抗氧化黃酮，為強力抗氧化劑，有助於消除體內過多自由基；它也是低升糖指數（GI值）水果，可延緩血糖上升，且富含高纖維，讓人不易感到飢餓，有助維持體重。覆盆子灌木，夏季開小白花，長聚合果，此蜜產量不穩，已成嗜蜜行家首選之一。

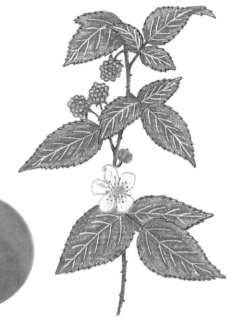

採 蜜 地 區	歐洲如德國、比利時、法國，但產量少且不穩定，目前市面上可見的覆盆子蜂蜜多由加拿大進口為主。
開 花 期	每年 6、7 月，一開花可維持約三星期之久。
採 蜜	一千多公尺的山上，有較多的野生覆盆子花蜜可供蜜蜂採用，但泌蜜不穩，遇雨或冷鋒經過，花蜜減少。
品 嘗 實 例	加拿大覆盆子蜂蜜。品牌：法國 Albert Ménès。進口：岡達國際有限公司。
顏 色	土褐黃，不透明。
香 氣 及 口 感	湊聞，香氣清幽，細聲雅氣，以紅漿果酸香為主調。拉絲，極稠、極厚、極實；入口即化，幻成一縷清雅的紅漿果甘美滋味，沁酸脫俗，尾韻有花香點綴，相當耐嘗。
結 晶	結晶快，顆粒極細。
保 存	請置陰涼處，建議開瓶後三個月內吃完；即便未開瓶，最好兩年內吃畢。
特 點	蜜中常含有大量花粉，如要鑑其真偽，實驗室裡只要做花粉檢測即可輕易得知該蜜純度。因此蜜帶雅致花香，獲得許多大廚喜愛用以研製醬汁，綴淋在甜點上極為可口。

Rata Honey
40 瑞塔花蜂蜜

瑞塔樹為紐西蘭原生種植物，當地特有，屬桃金孃科鐵心木屬（Metrosideros）。目前已知瑞塔樹有 8 個品種，但以南島的南瑞塔（Southern Rata；Metrosideros umbellata）為最重要蜜源。南島西岸天氣極濕，降雨量每年可累積達 7.6 公尺，故產蜜不穩定。在紐西蘭國春季，常可看到南島山區開得一片火燃似的豔紅，極為壯觀攝人。北島的保杜卡瓦樹（Pohutukawa）也屬瑞塔的近親，花形極近似，綠葉紅花，又被稱為「紐西蘭聖誕樹」。

採蜜地區	紐西蘭全國，但以南島為主要產區。
開花期	於紐西蘭的 1 月初至 3 月底開花，以西岸為最。從靠海岸的低林先展花，後衍生至坡谷上。
採蜜	紐國的 1 至 3 月，因產區雨量過於豐盈，泌蜜不穩，常有大小年之別；當地人常說每三年有一常年，每七年則可碰到一豐收的高品質年分。
品嘗實例	瑞塔花蜂蜜。品牌：紐西蘭 Airborne。代理：慧緻國際股份有限公司。
顏色	蜜色脂黃淡琥珀，不甚透光。
香氣及口感	氣韻豐穎甜熟，嗅有漬梨與煮熟的牛奶糖風味。口感稠滑，甜度高，有些地中海香料植物氣息點綴，尾韻略微帶鹹，近似焦糖濃美，尾韻持續性佳。
結晶	遇冷則結晶快速，晶體細緻。
保存	請置陰涼處，建議開瓶後三個月內吃完；即便未開瓶，最好兩年內吃畢。
特點	世上結晶最快的蜂蜜之一，所以蜜蜂採蜜回巢之後，蜂農需要儘快處理，以免蜂蜜轉為硬實，不易取蜜。廠家尚需作微過濾以及短暫加熱以利裝罐，消費者才得以享用脂狀綿滑的獨特蜂蜜。單糖成分多，吸收快，易解勞。

Rhododendron Honey
41 杜鵑花蜂蜜

杜鵑，又名滿山紅，杜鵑花科杜鵑花屬。其原生種加上雜交種，品系可多達千種以上，喜愛酸性土壤，故陽明山、七星山一帶極適合生長。全株有毒，花、葉毒性較強。南朝陶弘景所著《本草經集注》曾提及有毒杜鵑花：「羊食其葉，躑躅而死」，故杜鵑又稱「羊躑躅」。杜鵑屬的部份品種如 Rhododendron Ponticum，其蜂蜜微帶毒性，對人類有害。古希臘史學家色諾芬（Xenophon）便在其《遠征記》中記載其軍隊因誤食杜鵑蜜糕，而顯得癲狂急躁，甚至落馬呻吟，幸好翌日都紛紛恢復正常。

採 蜜 地 區	義大利北邊的阿爾卑斯山區、法國庇里牛斯山也有少量生產，尼泊爾高山主產杜鵑花蜜。
開 花 期	歐洲主要是 6 至 7 月開花，以海拔 1 千公尺以上的高山杜鵑為主。
採 蜜	杜鵑花流蜜不穩，霜凍、下雨、晨霧都可能降低泌蜜量，所以產量偏低，「單一花種杜鵑蜜」成為嗜蜜行家購買對象。法國西南的高山百花蜜常雜有部份杜鵑花蜂蜜。
品 嘗 實 例	法國庇里牛斯山杜鵑花蜂蜜（品牌：J-P. Décosterd）。
顏 色	液體時呈淺黃水白色，結晶時呈淡乳白色。
香氣及口感	品嘗時，此蜜已結晶，故香氣不特張揚，以清淺的漬蓮子、蒸糯米糕、輕微薄荷以及一絲絲面速力達母氣韻為主。以匙刮取結晶蜜，入口，體現了超微細膩的結晶質地，如嬰孩膚觸，入口即化且綿密柔潤的口感中混雜甘甜與輕巧酸度，百啖不厭，後段有鼠尾草、洋甘菊與婉約薄荷氣味，尾韻佳，奇異地以較強烈的肉桂風味完結。
結 晶	結晶緩慢，顆粒相當細美。
保 存	請置陰涼處，建議開瓶後三個月內吃完；即便未開瓶，最好兩年內吃掉。
特 點	此蜜富含多樣礦物質。雖然某些杜鵑蜂蜜帶毒，但對蜂療而言，部份專家甚至建議接受化療病患每日食一茶匙，有助減輕化療的副作用。
其他建議品牌	Miele di Rododendro della Valle d'Aosta（義大利 I Prodotti dell'Orso 品牌）、義大利北部杜鵑花蜂蜜（Santa Maria Novella 品牌；焊捷國際代理）。

Rosemary Honey
42 迷迭香蜂蜜

自羅馬帝國時代，迷迭香（Rosmarinus officinalis Linn.）已是當時蜜中首選，質地細膩而廣受喜愛。希臘人和羅馬人把迷迭香視為再生象徵和神聖的植物。迷迭香屬唇形花科（Lamiaceae）迷迭香屬（Rosmarinus），原生於地中海乾燥灌木叢、岩石區以及空曠林地，為常綠灌木，葉成尖狀，具強烈辛香。花小、藍紫色，或有粉紅及白色花朵出現。

迷迭香的紫色小花很吸引蜜蜂。法國南部的迷迭香在 1956 年大寒害中被摧毀過半，目前的數量還未回復大寒害前的水準。

採 蜜 地 區	法國南部及西南部，尤以普羅旺斯最優；地中海沿岸的西班牙、義大利等國均產。
開 花 期	春夏開花，花期長且通常開花與泌蜜情況都相當穩定。
採 蜜	以歐洲國家而言，始自 4 月底、5 月初。如開花集中而盛大，花蜜量便大，如開花過早，或零落開謝，則蜜量稀少。
品 嘗 實 例	法國 Miel de Romarin（品牌 Muriel & Roland Douay）。
顏 色	淺鵝黃不透明。
香氣及口感	氣韻沉靜芳雅，帶些煉乳、輕微椰子糖與松脂味，迷迭展花氣息反而藏在背景裡；以匙挑蜜，此結晶蜜質地頗似「面速力達姆」，入口綿稠，輕啖便愉悅地消融舌端，隨即有迷迭香葉曝曬蒸香般誘人氣息，甜中帶鹹裡生出肉桂香，後段有輕微酸韻宜人，餘韻綿長。
結 晶	遇冷結晶快速，晶體細緻。
保 存	請置陰涼處，建議開瓶後三個月內吃完；即便未開瓶，最好兩年內吃畢。
特 點	肝機能不全患者以及消化不良者，服之甚有助益。迷迭香蜂蜜富含微量元素，如鈣、鐵、硼及銅。
其他建議品牌	法國 Lune de Miel 品牌迷迭香蜂蜜（駿伸企業進口）。

Schefflera Tree Honey
43 鴨腳木蜂蜜

鴨腳木（Schefflera octophylla）為五加科鵝掌藥屬（Schefflera）喬木，其掌狀複葉似帶蹼鴨腳趾；別名鵝掌柴、八葉五加、飯來樹、江某（因材質輕、白、軟，常做成木屐，左右腳公母不分，故稱之為「公母」，取諧音為「江某」）。開黃綠色小花，圓錐狀穟形花序。鴨腳木蜜味帶苦，各區所採的蜜苦味程度不盡相同，一般認為放置一段時間，苦味會減少，但筆者也遇過本來不苦，愈放愈苦之情形；基本上，愈苦愈純。

十二月底北縣雙溪山上盛開的鴨腳木花。

採 蜜 地 區	桃園龍潭鄉及新北市雙溪、七堵等地。
開 花 期	約 10 月中至 2 月，花期約 20 天。多數由中蜂所採。
採 蜜	花香，蜜粉豐富，非常引蜂。攝氏 19 度為泌蜜適溫，中午蜜多。
品 嘗 實 例	乾隆養蜂園「鴨掌木蜂蜜」。
顏 色	較深的黃褐咖啡色，不透光（若結晶，色轉淺）。
香 氣 及 口 感	既然是蜂蜜，鼻聞自然帶甜，然氣韻低調深沉，以有些熟爛的鳳梨氣味為主調，還帶些「熱水攪和麵茶香」。以匙挑蜜，因已結晶，幾呈綿密豬油膏脂狀，故而流速極緩。口唸，起初質地就似吃豬油，很黏唇，中段有些不錯酸度，還帶微微苦韻（似滷白玉苦瓜），繼有鳳梨乾、芒果乾、甘草、核桃氣味，末段有些微梅片與中藥蔘粉氣息，尾韻變化不多，但清雅而持久。整體甜而不膩。
結 晶	冬季常溫也會快速結晶。
保 存	請置陰涼處，建議開瓶後三個月內吃完；即便未開瓶，最好兩年內吃掉。
特 點	微苦回甘，屬臺灣北部（新竹以北）的特殊冬季限定風味。筆者喜歡在家以烤箱將蒜頭烤軟略焦，再淋上此蜜共食，當成冬季養生小品。蜂農告知食此蜜有助改善便秘。
其他建議品牌	青岩瓦舍鴨腳木蜂蜜（採蜜地區：新北市雙溪山區，結晶蜜色偏淺）。川園蜜蜂生態農場（新北市五股山區，初採苦味較淡，放置 6 個月，此蜜的經典微苦始出）。香港寶生園鴨腳木蜜（深咖啡色，後韻帶有乾淨俐落且可口苦味）。

Sour Jujube Honey
44 酸棗蜂蜜

酸棗（Ziziphus jujuba Mill. var. spinosa [Bunge] Hu ex H. F. Chow.）為鼠李科棗屬（Ziziphus）灌木或小喬木，別名山棗、野棗，其枝、葉、花的形態與普通棗相似，但枝條節間較短，托刺發達，適應性也較普通棗為強。花芬芳多蜜腺，為中國華北地區重要蜜源植物之一。果皮紅色或紫紅，果肉疏鬆，味酸甜，含豐富維生素 C，可生食或以之製作果醬。酸棗主產於中國北方的新疆、山西、河北、河南與陝西等地。

採 蜜 地 區	中國安徽省黃山市附近區域。
開 花 期	花期 6 至 7 月，果期 8 至 9 月。
採 蜜	花期長，不錯的蜜源植物。
品 嘗 實 例	安徽省黃山市歙縣附近酸棗蜜。品牌：無，跟當地蜂農直接購買。
顏 色	蜜色淡黃清透（非全然透明，否則有假，圖中蜜碟裡已有部份結晶）。
香氣及口感	開罐，氣韻優雅清甜，聞有糖貽、輕淺白花幽香，另探得水梨、西洋梨氣息。以匙挑蜜，流速偏快；入口，甘潤流暢滑口，有不錯的酸度，續出現有輕微桂花釀、熟洋梨氣韻，整體風味純淨婉約，不特繁複，不特強勢，可口，甘口，餘味舒爽。
結 晶	遇到較長的冬季低溫，會緩速結晶，晶體略粗。
保 存	請置陰涼處，建議開瓶後三個月內吃完；即便未開瓶，最好兩年內吃畢。
特 點	酸棗的種子酸棗仁入藥，可鎮定安神，主治神經衰弱與失眠。
其他建議品牌	蜂王品牌臺灣紅棗蜂蜜（蜜色橙紅，初聞鼻息與前段口感似咸豐草蜂蜜，後段才有些紅棗乾氣息與不錯的酸度，尾韻有辛香料滋味）。

Strawberry Tree Honey
45 樹莓蜂蜜

樹莓（Arbutus unedo）是杜鵑花科漿果鵑屬（Arbutus）果樹，與臺灣的楊梅是屬性相近果樹（臺灣楊梅的葉與果與樹梅相似，但花未呈倒鈴鐺形）。樹莓為常綠喬木，果實為核果狀，朱紅球形，成熟期早，成熟果實甜而帶微酸。這蜜會讓一般愛蜜人大吃一驚，因蜂蜜不一定總是甜的：此樹莓蜂蜜除了甜味，苦味是其最大特徵。不過，歐洲倒是有越來越多的消費者逐漸能接受這苦韻。最佳判準是，吃得了苦瓜，便得以欣賞此刁怪蜂蜜的堂奧。

西班牙北方尚青未紅熟的樹梅。

採 蜜 地 區	地中海區域，如法國南部、科西嘉島、義大利；中國的楊梅可成為輔助粉源植物。
開 花 期	開倒鈴鐺形小白花（有時帶淡粉紅色），歐洲為 10 到 12 月開花。
採 蜜	歐洲主要在 11 月採蜜，泌蜜穩定。不過，需隨時探看流蜜情況，及時採蜜，否則冬季寒凍霜霧一來，流蜜大受影響。
品 嘗 實 例	義大利樹莓蜂蜜。品牌：Santa Maria Novella。代理：煒捷國際企業。
顏 色	深琥珀，偏土黃不透光。
香氣及口感	一湊鼻嗅聞，即生出強烈人蔘以及當歸味。以匙挑蜜，稠厚黏度大，含舌質地稠滑，結晶立刻溶於口舌間，隨即蔘味以及烘焙過度的咖啡豆味道噴發而出，繼之有樹皮香。餘韻甘苦。
結 晶	結晶快，顆粒較粗。
保 存	請置陰涼處，建議開瓶後三個月內吃完；即便未開瓶，最好兩年內吃掉。
特 點	此蜜氣味強烈，略帶辛辣，與氣味清馨的花朵與紅果有天差地遠之別，歐洲許多蜂農以之釀製蜂蜜醋，氣味獨特，頗受歡迎。以前蜂農怕銷售不易，一般留給蜜蜂當越冬蜂糧，現在有些品味獨具人士頗懂欣賞，替此蜜燃起新的生機。
其他建議品牌	義大利 Apicoltura Castel Belfort 品牌樹莓蜂蜜（風味恰似帶苦味的森永牛奶糖滋味）。

Sunflower Honey
46 向日葵蜂蜜

向日葵（Helianthus annuus Linn.）為菊科向日葵屬（Helianthus）高大草本植物，別名包括太陽花、葵花、日頭花。原產於中美洲（祕魯的國花），臺灣除嘉南平原以及高屏地區，東部的花蓮與台東地區也有種植。向日葵除是美觀的觀賞花卉、葵花子可以下酒，還能提煉葵花油以供烹調。開花呈圓盤狀，直徑可達 20 多公分，頭狀花序。通過人工培育，在不同生長環境裡已形成許多品種，特別是在頭狀花序的大小色澤以及果實（瘦果）形態上存有許多變異。

採 蜜 地 區	法國普羅旺斯、西南地區與中央高地；臺灣東西部皆可採蜜。
開 花 期	臺灣花期以夏冬兩季為主，花期可達兩周；法國在 7、8 兩月開花。
採 蜜	根據土質、空氣濕度以及所栽植品種之別，泌蜜量不一。
品 嘗 實 例	向日葵結晶蜜。品牌：蜂之饗宴（關山鎮養蜂產銷班）
顏 色	較深的土黃色澤，不透光。
香 氣 及 口 感	氣息偏沉，以麥芽糖、乾果（核桃、榛果類）為主，背景有些木質氣韻。以匙挑蜜，稠度高，流速偏緩；入口，質地細緻，稠潤絲滑，帶些酸度，又帶輕微鹹味，接著探有龍眼乾、甘蔗汁、迷迭香、紅糖饅頭、森永牛奶糖滋味；甜度在中後段最為明顯。尾韻以蔘片、香料的輕微刺激感作結。
結 晶	遇到冬季低溫，易成半結晶、麥芽糖膏狀（也可能完整結晶）。
保 存	請置陰涼處，建議開瓶後三個月內吃完；即便未開瓶，最好兩年內吃掉。
特 點	如此膏稠的質地，歐美蜂蜜裡不算罕見，但在臺灣就顯得稀罕。此蜜富含微量元素，如鈣、硼與矽。
其他建議品牌	品峻蜂業坊向日葵花蜂蜜（採蜜地區：彰化縣鹿港鎮鄉間。呈結晶狀）。

Taiwan Gordonia Honey
47 大頭茶蜂蜜

大頭茶（Gordonia axillaris [Roxb.] Dietr.）為茶科大頭茶屬（Gordonia）常綠喬木，別名山茶花、花東青、大山皮，泰雅族稱為 Han-gahen；原產地為中國大陸、印度與臺灣。葉革質，長橢圓形末尾帶尖。大頭茶一年開花兩次，花冠白色，直徑有 5 至 6 公分，花瓣五片，中央鑲著多數的金黃色雄蕊。蒴果長橢圓形木質，開裂後飛散出的扁平種子上端有翅，有利於其散佈。大頭茶木材為淡紅色，質密緻堅韌，可供建築及薪炭。

採 蜜 地 區	主要是臺灣中部山區，但從平地到中海拔（約2,000 公尺）闊葉林下都有大頭茶蹤跡。
開 花 期	秋季開花，產蜜兼產粉。
採 蜜	蜜量多，可為秋季輔助蜜源。
品 嘗 實 例	魚池鄉王姓蜂農所採茶花蜂蜜。
顏 色	澄黃，略帶橘光。
香氣及口感	初開瓶，嗅聞有橙皮、冬瓜糖條與香瓜氣息，背景醞升有薄荷涼馨；以匙挑蜜，形成結晶團塊狀；晶體入口即化，綿糯糕稠，適口寧神，繼續釋有風乾橘皮與些微肉桂氣息，中後段變化不大，但風味持續不墜，後韻以迷迭香蒸曬於豔陽下以及鳳梨乾的誘人氣韻作結。
結 晶	有頗易結晶，晶體乍看偏粗，但適口易化且質地細緻。
保 存	請置陰涼處，建議開瓶後三個月內吃完；即便未開瓶，最好兩年內吃掉。
特 點	此款魚池鄉王大哥所採的蜜，六成蜜源植物為大頭茶，風味也以大頭茶為主，但內還含有木荷（茶科木荷屬）和烏頭茶，每年蜜源比例稍有差異（此為自然法則），所以蜜色與蜜味會稍有不同。

Tamanu Honey
48 瓊崖海棠蜂蜜

瓊崖海棠（Calophyllum inophyllum L.）為金絲桃科胡桐屬（Calophyllum）常綠大喬木，俗稱紅厚殼、海棠果；分布於熱帶大溪地及法屬玻里尼西亞各珊瑚島礁沿岸，臺灣在恆春半島、蘭嶼及綠島有野生的瓊崖海棠，但平地也常植於公園當作景觀樹。開直徑 2 至 3 公分氣味香甜的白花，會長綠色核果，其內的果仁可製成瓊崖海棠油，其它如樹皮、樹葉、樹脂、樹幹也都有可用之處，使瓊崖海棠成為不折不扣的珍貴藥樹（近年醫界發現此樹所萃出的物質，有對抗愛滋病毒的潛力）。

採 蜜 地 區	臺灣嘉義鰲鼓溼地附近。
開 花 期	花期約在 6 至 8 月。
採 蜜	品嘗實例的蜜裡，蜜源植物約八成是瓊崖海棠，其它可能少量含有咸豐草和綠肥植物。氣候愈乾燥泌蜜狀況愈佳。
品 嘗 實 例	魚池鄉王姓蜂農所採瓊崖海棠蜂蜜。
顏 色	橘黃，略帶紅光（有些批次偏澄黃）。
香 氣 及 口 感	初開瓶，嗅聞有些地瓜味以及蔭瓜味，讓筆者聯想到同一蜂農所產白千層蜂蜜，以匙挑蜜，結晶偏粗，口感以紅糖、漬地瓜、熟木瓜以及熟爛鳳梨風味為主（此與白千層蜜有所差別），尾韻則以熟爛木瓜氣息落幕。再開一瓶前批所購來試（手寫非正式標籤），蜜色偏黃，結晶非常細密，風味主調基本上類似，但細膩高雅許多，或許前批的結晶速度較快使然。
結 晶	此蜜易結晶，因結晶條件之別（溫度與濕度），晶體或粗或細。
保 存	請置陰涼處，建議開瓶後三個月內吃完；即便未開瓶，最好兩年內吃畢。
特 點	瓊崖海棠蜂蜜非常少見，具蜂農說法食用此蜜有助心血管保養。瓊崖海棠油（Tamanu Oil）可抗皮膚衰老、增加彈性及抗皺，具絕佳保濕與滋養效果。

Thyme Honey
49 百里香蜂蜜

唇形花科的百里香屬（Thyme）植物有上百種，光是法國就有十多種，本文所討論的蜜源植物是指地中海地區常見的銀斑百里香（Thymus vulgaris），因其葉面長有絨毛，故名（又名銀葉百里香）；為方便討論，這裡僅稱百里香。百里香為多年生芳香草本灌木，歐洲烹飪常用的香料，其味辛香，加在燉肉、炒蛋或湯品中都能發揮恰如其分的馨香開胃作用。李時珍《本草綱目》記載：「味微辛，土人以煮羊肉食，香美。」此外，還能以之提煉精油，其百里酚成分有抗菌、防腐之效，可用來對抗蜂蟹蟎。

採 蜜 地 區	西班牙與希臘是主要的百里香蜂蜜生產國，喜生長在富含石灰岩的台地上。
開 花 期	地中海地區在 5 月開花，開花猛烈集中但短暫。
採 蜜	泌蜜量多，但無花粉。
品 嘗 實 例	百里香蜂蜜（Miel de Thym）。品牌：法國 Famille Mary。
顏 色	略深的卡其色、土黃色澤，不透光。
香 氣 及 口 感	鼻息沉穩，不屬花香系，直接第一印象是兒時愛吃的森永牛奶糖氣味，再深探，有奶粉與略微麵茶鼻韻，背景則飄盪出鮮剝核桃仁風味。以匙挑蜜，流速偏緩，入口，極為綿稠滑潤，滋嗓潤喉，繼之有相當好的酸度與涼草滋味，墊以香料風情，酸度一直隱約伴隨拉長風味予人的愉悅感，尾韻佳，以肉桂、蔘片與中藥氣味完結。
結 晶	於攝氏 17 度電子酒櫃保存，蜜質變得相當稠厚，但不結晶。即使放冰箱也不結晶，質地反似麥芽糖，非常可口。
保 存	請置陰涼處，建議開瓶後三個月內吃完；即便未開瓶，最好兩年內吃掉。
特 點	尾韻有鮮明肉桂氣息，相當特殊。百里香蜂蜜具有優良的抗氧化能力，且一如麥蘆卡蜂蜜，其高強的抗菌性也有利難癒傷口的復原。

Tung Tree Honey
50 油桐蜂蜜

油桐（Aluerites fordii Hemsi）為大戟科（Euphorbiaceae）油桐屬（Vernicia）植物，別名三年桐、光桐，原產於中國，主要分布在廣東、廣西等地，臺灣則廣泛栽植於低海拔山區。油桐樹高可達 10 公尺以上，綠葉呈心形（或具三或五裂片），開五瓣白花，中心為紅黃色，聚繖花序頂生；油桐屬經濟樹種，種子可榨油（美濃紙傘的傘面防水用油），木材可製傢俱、火柴棒、木屐和牙籤，也是不錯的庭園用樹、行道樹。

採 蜜 地 區	臺灣雖各地可見油桐，但台中大坑為主要採蜜地區。
開 花 期	臺灣開花期在 3 至 6 月，但以台中大坑而言，集中在 4 至 5 月；也是產粉植物。
採 蜜	蜜量還算穩定，但由於流蜜期同時也遇到梅雨季，若當年梅雨量豐，會造成落花，致使減產。品俊蜂業年均產量約在 300 至 400 公斤。
品 嘗 實 例	油桐花蜂蜜。品牌：品峻蜂業坊。
顏 色	透光、略深的橙褐蜜色，光澤佳。
香 氣 及 口 感	初聞近似龍眼蜜，緊接著有紅糖煮芒果乾、煙燻調、皮革與龍眼乾氣息，背景帶有濃蜜花香；以匙挑蜜，流速偏快，口感綿滑絲質，口味初似龍眼蜜，但不若其濃烈，前、中段出現的清幽酸度與涼香讓人判斷龍眼並非蜜源植物，但依舊出現如煙燻龍眼乾滋味，繼有台茶 18 號紅茶常出現的肉桂香。尾韻有普洱茶、乾香菇與土系氣韻。
結 晶	不特別容易結晶，但遇冬天低溫還是可能發生。
保 存	請置陰涼處，建議開瓶後三個月內吃完；即便未開瓶，最好兩年內吃畢。
特 點	台中的龍眼開花較晚，故此油桐蜂蜜有可能混到少數龍眼蜂蜜。油桐花輕盈曼妙，隨風翩然飛舞，如雪飄落，故桐花大開的美景又有「五月雪」美稱。

Ulmo Tree Honey
51 烏摩樹蜂蜜

烏摩樹（Eucryphia cordifolia）屬火把樹科（Cunoniaceae）密藏花屬植物，樹高可超過 40 公尺，樹幹底部直徑可達兩公尺，原生於智利，沿著安地斯山在南迴歸線 38 至 43 度之間（智利南部）分布，最高可生長在海拔 700 公尺處。近年因林地開發數量漸減，與澳洲塔斯馬尼亞的皮革木同為密藏花屬，花形也類似，都能產出風味絕佳的蜂蜜，且兩蜜味道有些相似。

筆者最愛蜜種之一：烏摩樹蜂蜜（Miel de Ulmo）。

採 蜜 地 區	智利南部。
開 花 期	1 至 3 月開花。
採 蜜	泌蜜量相當豐富。
品 嘗 實 例	智利烏摩樹蜂蜜（Miel d'Ulmo）。品牌：法國 La Maison du Miel。
顏 色	深土黃帶橘、不透光。
香氣及口感	初芬芳，但沉實不張揚，以風乾橘皮、薑片、風乾小金桔為主導；以匙挑蜜，呈黏稠膏狀；入口，極為綿實，轉滋潤，繼而才是入口即化的晶體，其質地之細我畢生僅嘗（不知是否經過人為低溫慢速攪拌？）；之後風味甘美婉約，似乎要漂離了，但又一直在那，尾韻從中段就開始，沒大出奇變化，卻以涼涼的滋味、橘皮、甘草，低溫烤乾的鳳梨片滋味延續良久不散。可名列我「十大好吃蜂蜜排行」。
結 晶	遇冬季低溫易成半結晶、麥芽糖膏狀，不會過於硬實。
保 存	請置陰涼處，建議開瓶後三個月內吃完；即便未開瓶，最好兩年內吃掉。
特 點	烏摩樹蜂蜜的抗菌性不輸麥蘆卡蜂蜜，值得推廣。
其他建議品牌	智利 Pillán Organics 品牌 Miel de Ulmo（金澄帶橘，香氣撲鼻，聞有乾果和乳脂氣息，脂稠甘潤，滿滿熟果香，還有白甘蔗汁味兒，與皮革木蜂蜜近似）。

六月時節，法國阿爾薩斯一處特級葡萄園裡的藍薊花正盛放，吸引許多蜂兒來訪。

Vipers Bugloss Honey
52 藍薊花蜂蜜

藍薊（Echium vulgare）為紫草科（Boraginaceae）藍薊屬（Echium）植物，照字源「Viper」來譯，又可稱為「毒蛇花」，因其種子狀似蛇頭，古人以為可治蛇咬，故名。藍薊花源自非洲以及歐亞大陸，開藍紫色花，其下有狀似牛舌的綠色花托，法國人也稱之為「Langue de Boeuf」（牛舌花）。常見於鄰近海灘沙丘上，或含砂質的高原、山坡上，由於羊群愛吃牛舌花，牧人偶而以之為畜牧輔助食糧。

採 蜜 地 區	紐西蘭南島的馬爾堡（Marlborough）以及奧塔哥（Otago）地區、法國、加拿大、智利、波蘭、義大利。
開 花 期	大洋洲的紐西蘭 1 至 3 月開花，歐洲則是 6 到 9 月開花。
採 蜜	紐西蘭產量較大，主要是 1、2 月採蜜，採收期如間有小雨滋潤，則花開愈盛，泌蜜愈多。紐國南島蜜質較北島更佳。
品 嘗 實 例	藍薊花蜂蜜。品牌：紐西蘭 Airborne。
顏 色	清透琥珀色，光澤度佳。
香 氣 及 口 感	嗅聞，有東方美人茶香與成熟果香，兼有淡雅煙燻氣息，拉絲細膩，流速大，口感黏稠，似可咀嚼，末尾有濃重花香及焦糖味，鼻習透出肉桂香氛，餘韻美長。
結 晶	結晶速度非常緩慢，故極適合製作蜂巢蜜，方便食用。
保 存	請置陰涼處，建議開瓶後三個月內吃完；即便未開瓶，最好兩年內吃畢。
特 點	此植物為野草類屬，無人力植栽，生命力強韌，可以之釀出具嚼感蜂蜜，真是大地之禮。果糖量多，具焦糖風味，時有人以之代糖傾入咖啡，以添風味。

Watermelon Honey
53 西瓜花蜂蜜

西瓜（Citrullus lanatus）為葫蘆科（Cucurbitaceae）西瓜屬（Citrullus）果樹，原產於非洲，為一年生草本的雙子葉開花植物，莖具卷鬚，有攀爬特性，雌雄同株而異花，花瓣黃色，因品種之別，果形與果肉的色澤各異。《本草綱目》記載：「西瓜又名寒瓜。皮甘、涼、無毒。」西瓜產量豐富，每株即可結出近百粒果實，但勿灌溉過度，否則會導致甜份降低。西瓜性喜日照充足，土壤必須排水良好，最適宜種在河床沙地或海岸砂丘之間；臺灣以彰化和雲林種植面積最廣。

採 蜜 地 區	臺灣彰化縣芳苑鄉海邊。
開 花 期	花期甚長（但每次開花只維持一星期），臺灣自南到北，春初至夏末皆可開花，花粉甚多。
採 蜜	花蜜與花粉可供夏季繁蜂之用，為重要的輔助粉源植物。海邊乾熱，泌蜜穩定，較無大小年之別。
品 嘗 實 例	西瓜花蜂蜜。品牌：品峻蜂業坊。
顏 色	深卡其色，不透光。
香 氣 及 口 感	開瓶迎來酸香，再細辨，有漬橙皮、鳳梨乾與一絲夜市漬鳥仔梨風味，但整體氣韻不是非常明晰，有點面目模糊。久放攝氏 17 度電子酒櫃，開封時已結晶，匙挑檢視，顯稠厚塊狀，入口，結晶相當粗大，有磨砂感，滋味直到中段才釋出，以蔘片、紅糖、漬橘皮、甘草與一些中藥粉風味為主，後段喉韻略有香料刺激感，尾韻尚可（有些若有似無的紅肉西瓜味）。
結 晶	晶體較為粗大，有顆粒感。
保 存	請置陰涼處，建議開瓶後三個月內吃完；即便未開瓶，最好兩年內吃掉。
特 點	此品峻蜂業坊的西瓜蜜之蜜源植物包括紅肉與小玉西瓜（花期相同），蜜色有時深淺不同（可能混到附近蘆筍與花生的花蜜）。蜂農表示西瓜蜜比較涼性退火。

Wendlandia Honey
54 水錦樹蜂蜜

水 錦 樹（Wendlandia uvariifolia Hance） 為
茜草科水錦樹屬（Wendlandia）灌木或喬
木，別名紅木、毛水錦樹、假雞納樹。其葉
對生，長橢圓形或倒卵形，幼枝及花梗均
被密毛。圓錐花序頂生，花小，常數朵簇
生，花萼鐘形，花冠筒狀漏斗型，色白。主
要分布於中國廣東、廣西、雲南、貴州、
四川以及臺灣的中低海拔山林（原住民稱
此樹為 Tyamazi）。同屬的呂宋水錦樹（W.
luzoniensis）質地堅硬，雅美族用來建造主
屋、工作房、涼台支柱及織布機的器具。

採 蜜 地 區	中國普洱茶區、臺灣桃園地區。	
開 花 期	花期 3 至 4 月。	
採 蜜	泌蜜豐富。	
品 嘗 實 例	中國普洱茶區，由中華蜜蜂所採釀的 2015 春季水錦樹蜂蜜。	
顏 色	不透光的乳黃色。淺鵝黃不透明。	
香氣及口感	初探鼻，迎來沉穩的乳脂香氣，繼而有初熟的香蕉與香瓜氣韻，整體維持芳雅低調。剛自攝氏 18 度電子酒櫃取出，呈現頗為硬實的固體結晶狀，置久，略微濕軟，但仍相當稠固。入口，結晶顆粒較粗，以舌推散，綿融速度頗快，除乳脂氣味為主調，還有些乾果香韻（核果與風乾水果），中後段酸度隱隱浮現，也飄散些清涼薄荷味，尾韻佳，帶些老年分硬質起司的回味。整體耐嘗，不過甜，不過香，似吃糖果。	
結 晶	容易結晶，且呈幾乎固態的晶體狀。	
保 存	請置陰涼處，建議開瓶後三個月內吃完；即便未開瓶，最好兩年內吃畢。	
特 點	此蜜在臺灣極為罕見，帶迷人的乳脂與核果氣韻。水錦樹也是藥用植物：葉可解毒消腫、止血生肌；根則有治風濕骨痛、跌打損傷、止血消腫之效。	

White Asphodel Honey
55 白阿福花蜂蜜

白阿福花（Asphodelus albus）為阿福花亞科（Asphodeloideae；也稱為獨尾草亞科）金穗花屬（Asphodelus）的灌木叢植物，原生於地中海沿岸、葡萄牙、希臘和非洲，為多年生草本，具塊莖狀根；開六瓣白花，形如燦星，甚美，集中為總狀花序，生於無葉的莖頂；白阿福花喜生長在石灰岩地形上。許多養蜂教科書都未提及白阿福花，其實可以它可以成為不錯的輔助蜜源。

採 蜜 地 區	西班牙、法國科西嘉島（尤其是北部 Balagne 地區）、義大利薩丁尼亞島。
開 花 期	科西嘉島 5 月開花；其他地中海地區約 4 至 6 月開花。
採 蜜	泌蜜量普通，花粉淡黃色，但粉量不多。
品 嘗 實 例	西班牙白阿福花蜂蜜（Miel d'Asphodèle）。品牌：法國巴黎 Les Abeilles 蜂蜜專賣店。
顏 色	深橘帶銅紅、略褐，不透光。
香 氣 及 口 感	氣息深歛，一點不張揚，只嗅有略微橘皮、冬瓜糖氣息；以匙挑蜜，已呈稠膏狀結晶；入口，質地膏潤，結晶頗細膩，風味緩緩展開，愈往後頭愈明顯：先有清晰八角味，繼而有佛手柑糖果、輕微蔘片，最後轉韻出薄荷涼馨與肉桂辛香，尾韻長美，迴盪有甘草、風柑橘皮以及輕微枸杞味兒。
結 晶	未開瓶即結晶，晶體頗細，開瓶置小碟內，略攪拌供拍照，始呈黏糕狀。
保 存	請置陰涼處，建議開瓶後三個月內吃完；即便未開瓶，最好兩年內吃掉。
特 點	蜜源純粹的白阿福花蜂蜜很稀少，不過科西嘉島灌木林春蜜裡的主要蜜源之一就是白阿福花。

White Clover Honey

56 白花三葉草蜂蜜

白花三葉草（Trifolium repens）為豆科蝶形花亞科（Faboideae）、三葉草屬（Trifolium），是原產歐洲的多年生植物，又稱白花苜蓿或白車軸草。其莖呈匍匐狀蔓生，葉為三出複葉，倒卵型，大約有萬分之一的機率會發生變異長成四葉，便是人稱的「四葉幸運草」。在歐洲，人們認為尋到「四葉草」便能得到幸福。開白花，時略帶淡粉紅，為重要之牧草、乾草、綠肥及蜜粉源植物。每年四月在台北的華山大草原會開出一片雪白的白花三葉草，如能放置蜂箱，應有收穫。

採蜜地區	美國、加拿大、紐西蘭、智利、阿根廷；法國則常歸為高山百花蜜，少以單一蜜源蜂蜜採收販售。
開花期	紐西蘭為 12 到 2 月，歐美為 5 到 10 月，南美則 9 到 11 月。
採蜜	為紐西蘭產蜜的大宗，法國常是在開花前便割取當作乾草飼料。
品嘗實例	紐西蘭白花三葉草蜂蜜。品牌：New Zealand Honey Producers Coop.。代理：歌達產業有限公司。
顏色	淡褐色澤，映出琥珀光。
香氣及口感	柔淡白花與核果芳馨交疊，挑絲流速快；口感醇滑溫美，近似臺灣中部地區龍眼蜂蜜，但少了噴香凌人的霸氣，顯現小家碧玉的婉約，具輕微酸度，後韻流芳，甘口宜人。
結晶	結晶快速，顆粒細緻。
保存	請置陰涼處，建議開瓶後三個月內吃完；即便未開瓶，最好兩年內吃畢。
特點	歐洲食用三葉草蜂蜜助眠：睡前，可在花草茶裡攪上兩匙此蜜（水溫不要超過攝氏 45 度，否則會破壞蜜中活性酵素），甚至加上幾滴櫻桃蒸餾酒，飲下可舒眠。
其他建議品牌	法國 Famille Mary 有出紅花三葉草（Trifolium pratense）蜂蜜，口感綿稠細滑，具核果與熟果香氣，酸度佳，尾韻帶香料刺激感。

White Tupelo Honey
57 白色紫樹蜂蜜

紫樹為紫樹屬（Nyssa）落葉喬木，約有 7 種，當中 5 種產於北美東部的多潮沼澤地區，其中原生於弗羅里達州西北的白色紫樹（Nyssa Ogeche）為絕佳蜜源植物，如同臺灣淡水的水筆仔生於淺水灘，產出美國特有蜂蜜，蜜色淺金，口感細膩。另有黑色紫樹蜂蜜（Black tupelo honey），不過結晶粗，顏色深黑，較不討喜，通常被當作製作糕餅的工業用蜜，價格也較廉宜；有些取巧廠商會將此蜜混入前者，以冒充珍稀的白色紫樹蜂蜜，以高價售出。

採 蜜 地 區	質佳的白色紫樹蜂蜜，只產在美國弗州的 Chipola 與 Apalachicola 流域沿岸。
開 花 期	美國 4、5 月時節。
採 蜜	此區採蜜方式特殊，每當開花時節，養蜂人便將蜂箱置於架高於水面上的平台，以利蜜蜂就近工作採食；蜂箱成列立於水上，蔚為奇觀。
品 嘗 實 例	美國弗州白色紫樹蜂蜜。品牌：法國 La Maison du Miel。
顏 色	澄黃金亮，耀眼迷人。
香 氣 及 口 感	有淡雅別緻橙花香與糖漬蕃薯條甜香；挑絲，黏稠彈性佳，入口略黏牙，中段清甜暢雅，後段舞出肉桂濃烈艷姿，卻以幽幽甘涼的薄荷香氛淡出。
結 晶	正宗白色紫樹蜂蜜果糖含量較高，不易結晶。
保 存	請置陰涼處，建議開瓶後三個月內吃完；即便未開瓶，最好兩年內吃畢。
特 點	「Tupelo」一詞，對戰後嬰兒潮的搖滾愛樂者必不陌生，1935 年，已逝搖滾巨星貓王便誕生於密西西比州同名 Tupelo 小鎮。另，愛爾蘭搖滾詩人 Van Morrison 也於 1971 年推出《Tupelo Honey》專輯，同名主打歌以浪漫曲風成為搖滾經典名曲。

甘露蜜 Honeydew Honey

Beech Tree Honeydew
58 山毛櫸甘露蜜

紐西蘭的甘露蜜主要來自該國南島的黑色山
毛櫸（Fuscospora solandri），屬南青岡科
（Nothofagaceae）。寄居樹幹內的介殼蟲在吸食
樹液為食後，排出自體不需要的糖分以及其他物
質，透出樹皮外，春陽斜照，此晶瑩液體似春晨
甘露，再由蜜蜂吸取釀造，成品稱為甘露蜜。因
為春夏之交，帶甜甘露豐盈滲出，於樹
皮外氧化成黑色黴菌覆蓋樹幹，故
稱為「黑色山毛櫸」。此甘露蜜
為紐國特有，獨步全球，大量輸
歐，尤以識味的德國為大宗。

採 蜜 地 區	產於紐西蘭南島之北部，尤以坎特布里（Centerbury）地區為主。
開 花 期	紐西蘭的春夏之際，約 11 月至隔年 1 月，樹高 15-25 公尺，惟只產甘露蜜，非一般以花蜜釀成的蜂蜜。
採 蜜	此樹適合大洋洲的溫和氣候，為紐西蘭原生樹種，採蜜季通常在春末夏初，但是在歐洲人導入細腰黃蜂之後，其與蜜蜂搶食，導致產量大減。
品 嘗 實 例	山毛櫸甘露蜜。品牌：紐西蘭 Airborne。
顏 色	深琥珀色，光澤清亮，邊緣略泛綠光。
香 氣 及 口 感	嗅有乾燥香菇、紅棗與麥芽糖氣息；質地黏稠緊密，流速慢。入口，質地稠密可啖嚼，繼有紅糖，麥芽糖，高麗蔘與葡萄乾氣味接踵而來，極精彩，尾韻有蜜茶芳香。
結 晶	甘露蜜通常葡萄糖含量少，果糖含量高，故不易結晶；如結晶，也非常緩速。蜜中尚含有少量天然麥芽糖以及蔗糖。
保 存	請置陰涼處，建議開瓶後三個月內吃完；即便未開瓶，最好兩年內吃畢。
特 點	以介殼蟲為中介，且因來自山毛櫸之樹液，故礦物質含量較一般蜂蜜為高，也因之此蜜電導性較佳，可依此特性檢驗該蜜是否為純正甘露蜜。

Oak Tree Honeydew
59 橡樹甘露蜜

橡樹為山毛櫸科（Fagaceae）櫟屬（Quercus）植物，之下又分為許多種橡樹。法文一般稱來自橡樹的蜜為「Miel de Chêne」（橡樹蜂蜜），不過嚴格來說，此蜜並非由蜜蜂釀自花蜜：橡樹雖然會開出體積極小的花，但蜜蜂的舌頭過於粗大，吸不到花蜜；這時個頭微小的蚜蟲便成了採蜜達人，然後將無法消化完的糖分排出，之後由蜜蜂採擷回去釀蜜，所以此蜜應稱為甘露蜜。橡樹甘露蜜市面上少見，嗜蜜者若見到，不要錯過。

採 蜜 地 區	品嘗實例的蜜來自西班牙原始森林保護區的橡樹林；另外，法國西南部也有生產。
開 花 期	夏季；不過開花期不易預測，但一旦流蜜，泌量頗豐。
採 蜜	基本上，所有橡樹林都有條件生產，以向陽佳的區塊產量較豐。
品 嘗 實 例	橡樹甘露蜜。品牌：法國 Famille Mary（雖有廠商代理，但尚未引進此款甘露蜜）。
顏 色	深棕紅、半透明，亮度佳，略帶綠色光澤。
香氣及口感	初聞有麥芽糖、普洱老茶、龍眼乾、煙燻調，背景透有蔘片與輕微枸杞味，略有涼調。口感稠滑、黏唇，初嘗略有苦味，中段更為明顯，但因有高糖分包裹，這特殊滋味並不真苦，須細心探求才能體會；質地絲滑怡人，同時伴隨清爽酸度，使其不膩人。還嘗有黑巧克力、黑糖與焦糖風情，尾韻長，以煙燻龍眼乾、紅棗與甘草風味收結。
結 晶	即便放冰箱，只會變得較稠，不會結晶。
保 存	請置陰涼處，建議開瓶後三個月內吃完；即便未開瓶，最好兩年內吃掉。
特 點	質地啖來一如枇杷膏，爽聲潤喉。
其他建議品牌	法國西南部的蜜蜂博物館（Musée du Miel）自採自售的橡樹甘露蜜。

Silver Fir Honeydew
60 冷衫甘露蜜

歐洲銀色冷衫（Abies alba）為長青的針葉樹喬木，生長在涼爽的高山森林裡，樹高可達 40 至 50 公尺；雖不開花，但產味道殊奇的甘露蜜，只有幾個少數地區生產此蜜。法國的第一個 AOC 法定產區冷衫甘露蜜，是來自孚日山脈地區的孚日冷衫甘露蜜（Miel de Sapin de Vosges），尚有法規略鬆的阿爾薩斯地區甘露蜜。此規範正好區別了來自波蘭，較廉價、品質較次的冷衫甘露蜜揮軍該國市場。目前，有越來越多愛蜜者開始愛上此風味特殊的甘露蜜。

採 蜜 地 區	法國孚日山脈、阿爾薩斯地區、侏儸山區；德國、波蘭。
開 花 期	主要是其他蜜源植物較少的歐洲 6 月至 8 月。
採 蜜	此一由蚜蟲分泌，再由蜜蜂採集釀製的甘露蜜，泌蜜量非常不穩定，難以預測。通常每十年裡，有三年豐收，三年普通，另外四年則完全零收成。
品 嘗 實 例	法國阿爾薩斯冷衫甘露蜜。品牌：R. TRUDERSHEIM Apiculteur。
顏 色	深咖啡焦糖色澤，亮澤感佳，略透明。
香氣及口感	聞有松脂、煙燻、普洱茶、 紅棗香韻；挑絲，流速慢，極稠，只比麥芽糖流質一些。沾舌，綿稠黏度大，幾可嚼咬，微有酸度，中後段嘗有甘草、松脂與普洱老茶暖香，最後以人蔘與紅棗氣韻作結。
結 晶	不易結晶，且速度極緩慢。
保 存	請置陰涼處，建議開瓶後三個月內吃完；即便未開瓶，最好兩年內吃畢。
特 點	食此特殊蜜種，可防貧血、抗菌且利尿。富藏多種礦物質，如磷、鉀、鈣、硫、錳、鋅、硼、鐵以及銅，可說是集多種微量元素之大成。

百花蜜 Multifloral Honey

Corsica Maquis Honey
61 科西嘉島灌木林蜂蜜

法國有兩種 AOC 法定產區規範的蜂蜜，一是孚日山脈地區的冷衫甘露蜜，另一則是以科西嘉島命名的幾款當地蜂蜜。此一灌木林蜂蜜極負盛名，行家必嘗。花蜜來自科西嘉島春、夏、秋三季灌木林裡的各式植物，主要位於該島濱地中海的低海拔山區。各有特色，也都會在瓶上標明季節。灌木林春蜜，主要蜜源是白花歐石南與蝴蝶薰衣草，口味清雅，富果香；灌木林夏蜜是百里香、石蘿科香料植物和蠟菊，氣味芳濃；秋蜜植物則是樹莓與長春藤，氣味特殊，帶有苦韻。

採 蜜 地 區	科西嘉島地中海沿岸山區。
開 花 期	依季節、蜜種不同，自春到秋，都有奇花異草綻放。
採 蜜	泌蜜穩定，但產量不多。
品 嘗 實 例	科西嘉灌木林春蜜。品牌：F. Dupre（巴黎 La Maison du Miel 有售）。
顏 色	蜜色如麗陽金黃純美，深厚不透光。
香 氣 及 口 感	果香優雅細緻，有鳳梨與瓜果香。挑絲，成結晶稠塊狀；入口，晶體如春雪化水，似吃蜂蜜雪碧般爽口，釋出哈蜜瓜與牛奶鳳梨香，香氣煞人。
結 晶	春蜜易結晶，晶體細緻。
保 存	請置陰涼處，建議開瓶後三個月內吃完；即便未開瓶，最好兩年內吃掉。
特 點	由於綜合多種花蜜而成，此蜜富含多種人體所需微量元素。此外，科西嘉也產由橡樹、岩薔薇（Ciste）等混合而成的甘露蜜，口感厚重幽長。

Guérande Honey
62 給宏德百花蜜

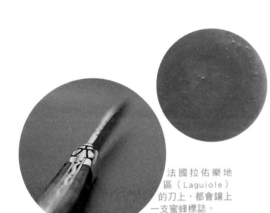

法國拉佑樂地區（Laguiole）的刀上，都會鑲上一支蜜蜂標誌。

法國西部布列塔尼、羅亞爾河出海口附近的給宏德（Guérande）鹽場，出產舉世聞名的鹽之花（Fleur de Sel）。此鹽花乃浮在鹽田最上層的結晶，傳統上都由年輕女孩巧手採收，產量稀少。牛排上只要撒點頂級鹽花，美味天成，完全不需要累贅搶味的沾醬。鹽場溼地附近也生長許多不同的蜜源植物，造就此風味獨特的「鹽田蜜」。

採 蜜 地 區	法國西部海岸給宏德鹽田附近。
開 花 期	晚春與夏季。
採 蜜	主要蜜源植物包括歐石楠（Bruyère）、蕎麥、星辰花（Statice）以及栗樹。
品 嘗 實 例	給宏德百花蜜（Miel de Guérande）。品牌：法國 Famille Mary。
顏 色	較深、不透光的土棕色。
香 氣 及 口 感	初聞有紅棗、烤栗與略微人參藥材味，再聞則有皮革、焦糖與香料氣息，但整體維持清新宜人。以匙挑蜜，常溫下呈中等流速，剛入口質地綿柔滑潤（有點粉粉的質地），繼之顯得流暢絲滑，中段具清雅酸度，使啖之不膩，後段香料味明顯（迷迭香），尾韻不錯，以龍眼乾、甘草與煙燻調完結。
結 晶	呈半液態綿稠晶體狀。
保 存	請置陰涼處，建議開瓶後三個月內吃完；即便未開瓶，最好兩年內吃掉。
特 點	此蜜內含顏色較深的栗樹與蕎麥蜜，可推估抗氧化性較佳。

Hualien Region Honey
63 花蓮百草蜂蜜

此混合多樣植物的百花蜜採擷自台灣東岸的花蓮，蜜源包括沿著花東縱谷之山谷與平原之作物與野生植物。此蜂蜜依季節其實又分「冬蜜」與「夏蜜」，前者以冬季植物，如油菜、咸豐草、地瓜、小花蔓澤蘭為主，時而出現烤地瓜氣息；夏蜜則有烏桕、咸豐草、檳榔花、西瓜以及香瓜蜜源摻入，常有可口瓜果香；都頗具特色。

採 蜜 地 區	花蓮的新城以及秀林鄉為主的太魯閣國家公園週邊。
開 花 期	冬蜜以 9 月到隔年 1 月的花草為主；夏蜜則以 5 到 9 月的蜜源為主。
採 蜜	不似總是急著採收的龍眼蜜，此百草百花蜜存於蜂箱熟成時間更長，可保留更多有益人體健康的活性酵素。
品 嘗 實 例	花蓮地區百花蜜。品牌：福昶養蜂育種廠「百草花蜜」。
顏 色	琥珀金黃，深沉不透。
香 氣 及 口 感	豐沛難以禦之的熟美烤地瓜、柑橘以及芒果乾氣韻極為誘人；稠厚流速慢，結晶入口即化，繼而出現連皮入窯的地瓜香、風乾芒果與澎湃鳳梨香氣，餘韻佳美。
結 晶	冬天低溫易結晶，結晶顆粒略粗。
保 存	請置陰涼處，建議開瓶後三個月內吃完；即便未開瓶，最好兩年內吃掉。
特 點	食用可迅速補充體力，消除疲勞，蜜味清涼爽口，帶有淡雅百花香，具止咳、潤喉、安神、助消化之功效，飲其蜜水亦可防中暑。

Taiwan Railways Dormitories Honey
64 台鐵宿舍蜂蜜

松山文創後頭，有棟有些破舊的前台鐵員工宿舍，預計過兩年應會被文化部收回改建。其中一單位樓層，筆者的養蜂班友人養了 5、6 箱蜜蜂，採的是台北機場、大巨蛋、松山文創與國父紀念館附近的蜜源植物。筆者試過 2016 年 5 月中那批，風味不錯，但沒特別突出；6 月這批所採，蜜色金黃帶橘，具明確熟芒果香，酸香略帶鹹，質地甘潤，回韻綿長，值得寫出推薦。

採 蜜 地 區	台北市繁華東區。
開 花 期	6 月初。
採 蜜	6 月中，詳細蜜源植物還待調查，不過可確認的是至少有咸豐草在內。。
品 嘗 實 例	余同學所採限量台鐵宿舍蜂蜜。
顏 色	金黃帶橘，帶些蜂巢殘渣。
香 氣 及 口 感	芬芳迷人，具馥郁芒果香，較偏金煌芒果而非愛文，背景尚有小玉西瓜清香。以匙挑蜜，中等偏快流速；入口，質地細緻柔潤，風味集中，酸度佳，仍以熟美芒果香誘人啖食，還釋出有百香果氣息，後段帶些香料味，餘韻細雅綿長，喉韻帶些自然的刺激感。
結 晶	相對上較不易結晶。
保 存	請置陰涼處，建議開瓶後三個月內吃完；即便未開瓶，最好兩年內吃掉。
特 點	不像市面上的台灣蜂蜜九成五以上經過加溫濃縮，此為天然封蓋蜜

湖北神農架岩壁的懸棺蜂箱

PART

養 蜂

■■■ 第八章　養蜂四季

雨直落,落在卵石砌地上,落在腐朽木椅上,也擊中散落一桌紅艷艷玫瑰的長桌上。這雨聲,伴生出冷冽、斷人心弦的琴聲;老人說他聽見處女蜂后展翅,將要出巢的聲音。小孩說處女蜂為何要洞出?老人語低沉,卻又抑不住這隱微的欣悅,說是處女蜂要遴選雄蜂配對了,是春天「女王之舞」的時刻到了。

這是希臘名導安哲羅普洛斯(Theo Angelopoulos)的電影《養蜂人》(L'Apiculteur)的片頭,據此,全片主題已點出養蜂老者斯皮羅(Spyros)之不可逆轉的命運。這部由義大利名演員馬斯楚安尼(Marcello Mastroianni)所飾演的養蜂人,其實就是蜂巢王國裡的雄蜂影像投射,其命運便是同各雄性對手競逐與蜂后一親芳澤的機會。交尾之後,其精囊脫落留於蜂后體內便死去。一生懵懂無用,只追求短暫春光,便步上死途。

著名挪威薩克斯風手賈·巴瑞克(Jan Garbarek)寂冷的主旋律,出現在片中兩處。首次是養蜂人嫁女兒時,女兒身穿白紗遠嫁他鄉,隨年輕的軍官丈夫遠去,管樂摧折心魂,養蜂人隨後身倚在蜂箱上,無聲無息,只有蜂兒嗡嗡鳴示悲劇的預言。後來,養蜂人追花逐蜜過程中巧遇一搭順風車的流浪女,豪爽嬌豔又任性不羈,在此女誘惑下,養蜂人與其巫山雲雨,但場面卻如「女王之舞」,是蜂后的饗宴。事後,流浪女換上一襲白衣裙與養蜂人吻別,悽冷主旋律再次催促耳際,養蜂人回到放蜂的山嶺,顛覆數十蜂箱,藉此激怒巢內工蜂螫擊以求死。結局恰如一隻老而無用的雄蜂,在處女蜂已達成交配使命或因糧食不足不再被「國家機器」需要,眾工蜂便施以針刑,了其殘生。

若不以此蜜蜂生態窺探安導的意志,將無法了解劇中人的種種舉措以及深刻意涵。但現實生活中,我所認識的養蜂人都很樂天知命,也深知「與蜂為伍」的益處與和諧。

蜂農四季

蜂農四季各有其工作樣貌,除了他們的四季勞動,本章也有養蜂人甚至是獵蜜人的剪影實錄。由於全球各地四季氣候不同,這裡主要以溫帶氣候為例,以了解蜂農工作的約略景況。

◆ 春

春季是蜜蜂與蜂農極度忙碌的重要時刻。春神來臨,百花爭放,採蜜的適齡蜂會派出先遣部隊,四處探勘何處有蜜、粉可採,接著回巢跳八字舞,向其他工蜂指出蜜源方向與蜜量多寡,以利採蜜。一位負責優秀的蜂農此時應勤加檢視蜂巢狀況,唯有初春蜂巢群勢健壯,則在春末或夏初,蜜蜂們才能大量採蜜、儲蜜。蜜蜂所需之外的多餘蜂蜜,也才得由蜂農售出。

如果養蜂人將蜜蜂租借給果農授粉，此時蜜蜂健檢更是首要。以燻蜂器噴煙在掀蓋的蜂巢上讓蜜蜂安靜吃蜜，好整以暇探視蜂巢內有無蟲害、蜜蜂是否健康、蜂蛹及蜂后情形是否安好。不健康的蜂群不僅無法釀製大量蜂蜜，反而會消耗更多蜂蜜，必須由蜂農補充糖水或玉米糖漿以加強其體質，才足應付採蜜工作。

春天也是蜂巢清潔的重要時機。老鼠有可能在冬季躲入溫暖的蜂箱避寒、偷吃蜂蜜，卻被保衛工蜂叮死在蜂箱裡，或是有大蠟蛾（Galleria mellonella L.）入侵產卵，這些都應及時清除，以保蜂群整體健康。

◆夏

夏季依舊忙碌，如同春天，蜂場總有事情可忙：以搖蜜機藉著離心力將蜂蜜採收裝瓶、貼標，或整修、油漆蜂箱、保養運蜂箱的卡車和機具等等。

夏季日照充裕，蜜蜂一大清早晨光微晞便出門採集蜂蜜、花粉，每隻蜂一日平均可飛10趟左右，好幾公里的距離，直到傍晚才回巢。此時養蜂人也不可懈怠，需隨時注意將蜜採出，換新蜂巢片，甚至在蜂箱上加繼箱，好讓蜜蜂隨時有空間可儲蜜釀蜜。

對於實施「移地飼養」的蜂農，則須隨花而居，哪裡有蜜源，便要移蜂前往；此時也是蜂農出借蜂兒給果農授粉賺取零用錢的好機會，但需小心果園農藥的使用，以免傷蜂。

◆秋

當人們尚未意識到秋意時，蜜蜂們便已經嗅到秋的氣息，趕忙將秋季還盛開著的蜜源植物如翠菊（Aster）作一巡禮，以採收與儲蜜、粉，製作蜂糧以供蜂群過冬。如果此時蜂農有兩群群勢較弱的蜂群，可考慮將其合併（即併群），以俟來年春暖花開時分，有身強體健的採蜜工蜂。

某些產區，如秋季蜜源充足，除了蜜蜂有足夠存糧過冬，蜂農還可再採獲最後一批蜂蜜，發筆小材。不過，養蜂人取蜜千萬要節制，以免蜜蜂在冬去春來之前，便已彈盡糧絕。為了避冬，蜂農可將蜂箱移至遮風處，以減風寒。

◆冬

在臺灣，冬季不至過於嚴寒，許多地區仍有野花盛放，故仍可收取冬蜜，只要稍加遮風擋雨，一般無大問題。但是如美國東北部，養蜂人便需枕戈待旦，備好防寒陣勢，如將整個蜂箱以保溫、隔溫材料裹起，像是稻桿、帆布、塑膠材料都可用到。高寒地區需防降下大雪時，雪泥將蜂箱開口堵住，導致蜂箱內無新鮮空氣流通。

冬季時蜜蜂需大量食蜜，然後震動翅肌以增加本身溫度，如一座暖氣機，蜜蜂更會集聚成群，相互取暖。一般來說，蜂群中心溫度不會低於攝氏14度。如果資金、場地充足，可把蜂群放進越冬窖內過冬，此即所謂「室內越冬」，優點是飼料消耗少，且便於管理。

冬季漫長，工作相對減少，蜂農可利用時間進修、閱讀養蜂手冊，或組新蜂框備用。如某個冬日午後晴暖，可將蜜蜂放風一會兒，讓其進行「排泄飛翔」——蜜蜂如同愛乾淨的貓兒，不會弄髒巢室，適時放其外出解放「黃金雨」（因花粉顏色而讓蜂糞呈金黃色），有助蜜蜂健康。

或許蜜蜂們正竊竊私語這蒼蠅匪類侵門踏戶的意圖。

與蜂為伍的人生實錄

埔里先鋒——賴朝賢

> 檢視蜂箱時，他有一種感覺：這些小蟲能為人所不能為。嚴冬，蜜蜂們互相蜷縮，藉以慰暖。為了賴以維生的小宇宙，他們齊心戮力工忙。據此，養蜂人歐瑞里安瞭解到，在緩慢的進化過程中，人類已經漸漸離天堂愈來愈遙遠了。於是，歐瑞里安開始想望成為一隻蜜蜂。
>
> ——法國作家斐明（Maxence Fermine）·《養蜂人》（l'Apiculteur）

蜂農賴朝賢自幼出生於養蜂世家，觀察蜂隻採蜜粉，經常出神忘我，一望幾個時辰，樂此不疲。我不清楚賴先生是否曾想望羽化為蜂，但對於這位曾獲得「神農獎」榮耀的埔里養蜂人，他倒是說出了另一個人類社會的理想藍圖。

九二一大地震當時，賴朝賢正在新加坡參加國際蜜蜂會議。得知地牛百年大翻身，賴先生心想，蜂箱倒塌，他一心寶貝的蜜蜂想必擠壓成堆而在劫難逃。一經查看，傾圮變形的蜂巢已在工蜂群兵的不懈努力下，鑿出一條通道，採蜜工蜂依舊日出即起尋花採蜜，蜂王仍繼續產卵，一切如常。因為蜜蜂知道，當時蜜源植物開花依舊，此時若不加緊採蜜儲糧，何以過冬？而平均壽命僅一、兩個月的工蜂即將功成身退，倘若蜂后停產，將沒有冬季工蜂團隊來維持王國的正常運作。

「而我們看看身軀碩大的人類，災變後僅是嗷嗷待哺，或是埋怨政府，馬上各就定位應變、捲起袖管整理家園的有幾人？形渺如蜂，他們卻總是各司其職，死而後已！」看來賴先生洞察的不只是詳謐的天國，是更具體的理想國，這天啟於他，來自遭逢鉅變的蜂之國，就在臺灣地理中心碑之處。

賴先生在臺灣蜂業早期，致力研育健康、多產蜜蜂品種，對其後蜂農貢獻頗大，目前正戮力經營埔里山上的宏基蜜蜂生態農場。

花蓮無毒養蜂——李麗玉

自高中起，李麗玉就愛逐蜂、賞蜂，同學甚至對她冠上「女王蜂」的稱號，後與蜂農李福涼結婚，夫妻倆養蜂已有四十載。因其成就傑出，養蜂人李麗玉曾獲「全國十大傑出農業專家」的授獎表揚。

因愛上花蓮的好山麗水，李麗玉從雲林縣搬至此清美聖地以繼續蜂業。花蓮有遍生的文旦果園以及四季的奇花異草，蜜源充足，本不需再續移地飼養的奔波生活，不過畢竟龍眼蜜求之者眾，只好每年將蜂箱南移採蜜。她憶起五、六十年前大部分蜂農還是「追逐花流四處去」，不似現有卡車可運載蜂箱，當時仍以牛車或是火車為運輸工具，而由於牛車行步緩慢，常常一出門逐花採蜜就是一個月的離家光景。「蜂箱為床、帳棚為屋、草木為薪、石頭為竈。」李麗玉指出，如此吉普賽生活，正是當時臺灣養蜂人的最佳寫照。

現在由於交通利便，臺灣養蜂人的生活品質已大大提升，這樣的況味要去中國大陸尋奇了。她也知道，移地飼養鎮日追逐蜜流而活，收入豐厚，但她希望維持一定的生活品質之餘，把精力放在產品精緻化的提升，便提倡了「無毒蜂業」。

無毒養蜂除了重視蜂場管理，如通風良好、蜂箱墊高腳、蜂場四周不能使用除草劑外，最大重點在於抗生素的禁用。若蜜蜂感染細菌性病狀，即刻使用抗生素效果最佳，但是如碰到蜜蜂採蜜時期，則成蜜極有可能含抗生素殘留，有影響人體健康之虞。無毒蜂業的作法是，只要及早發現，即燒毀染病蜂巢片，並消毒蜂箱即可，此時尚在患病初期，工蜂可自行清潔自癒。如病狀嚴重，則須連蜂箱以及整群蜜蜂都燒滅處理，成本高，卻不殘留抗生素。此外，為避免蜜蜂患上病毒性疾病，李麗玉不會強取蜜蜂所採蜜食，總會留夠餵食量，而不餵以人工糖水，以增加抵抗力而不致生病。

因在花蓮教授養蜂學，大家稱李麗玉為「李老師」。她的看法前瞻，認為只要是純蜜就是好蜜，不獨以龍眼蜜為上等，所以其他蜂農售價較高的龍眼蜜，她反而以低於文旦蜜與百花蜜的價格售出，希望消費者發現與認知其他蜜種的優點。李老師以蜂蛹餵食、草地野放的「蜂蛹雞」，由於滋味純美，無施打生長激素，而成為當地老饕及友朋間津津樂道的佳餚美饌。

宜蘭獨門火龍果蜜——郭賢德

火龍果蜂蜜？第一次聽宜蘭蜂農郭賢德說起他採收的火龍果蜜，便覺極新鮮又疑惑。

火龍果是仙人掌科植物，據傳臺灣地區早在荷據時代即已引進，但三百餘年來，在此間卻只開花而各於結果，故一般被視為觀賞植物。幾年前，因農改技術的精良，在臺灣開始有像東南亞以及南美洲的碩大甜滋火龍果。

曾有宜蘭火龍果農希望向郭先生借蜂以助果園授粉，一些時日過去，授粉效果卻奇差，然而沒想到蜂巢片裡卻累積數量不少的蜂蜜，經實驗室作花粉鑑定，可確認是火龍果蜂蜜。原來，火龍果的雌蕊長而巨大，伸出花瓣之外，而其雄性花粉叢集處卻低矮許多，幾乎包在碩大的花裡，所以蜜蜂採集花蜜、花粉時，不易碰觸到雌蕊，而難達成授粉。故這些皮紅艷、

肉白皙的大型火龍果，目前還是需要果農自行人工授粉。至於那些色綠、果型小的品種，倒是可借蜂媒來聯姻。

此外，火龍果花型大如曇花，卻只展花於午夜，花謝於晨明，國外因火龍果只在晚間開花的特性，英文又稱「晚花仙人掌」（Night-Blooming Cereus）。由於蜜蜂們日出始作，故工蜂們採擷花蜜時間只有早上 6 至 9 時，所以此蜜極其珍貴又富傳奇。目前筆者所知，郭賢德是臺灣採火龍果蜜的第一人。此蜜是其老客戶的最愛，通常採收前便已預購一空，甚至有不信該蜜已經售完的顧客直接前去家中，將角落最後自用的兩瓶蜜蒐羅一空才干休。由於量少獨特，蜜價也較一般龍眼蜜略高一籌。

郭賢德對中蜂（中華蜜蜂，野蜂）也有一套飼養心得，將此脾氣剛烈，易因天氣、糧食、管理不當、群勢擴展等因素而逃蜂或分蜂的黑體中蜂，馴養得服服貼貼。其秘訣之一是餵蜜水或糖水的方式：即需架一木枝供中蜂上下餵養槽，否則牠們不領情，只要糧食一缺乏，便集體離家飛轉他處，這也是一般蜂農較常飼養易於管理的黃金義大利蜂的原因。然而，就因為一般較少飼養中蜂釀蜜，所以市場需求較不緊迫，因此蜂農較少急於採蜜，也少用濃縮機縮減蜜中水分（一方面是因量少無法成桶送去濃縮廠），而讓蜜蜂好整以暇釀造熟蜜，且保有更多有益人體健康的活性酵素，頗受小眾識蜜者歡迎。

郭先生在眾家養蜂人裡，以特殊的市場區隔走出養蜂的利基，實屬不易。

紐國蜂人之春——理查

當我準備撰寫紐西蘭山毛櫸甘露蜜的品嘗紀錄之際，卻遍尋不著幾張重要的幻燈片，驚覺其中一捲 36 張的底片可能遺落在理查（Richard）的休旅車裡頭，便寫信去問。隔日週一，電郵傳來一封理查女性友人代覆：「抱歉 Jason，理查已於週末在一場自行車競賽中，心臟衰竭去逝了」。電腦這頭，我著實震驚，也跟著悲痛了好幾天，覺得好人不長命，老天爺真愛作弄人，他還有妻小吶。然而，過幾日我想通，也就釋然了。

理查是紐西蘭南島著名蜂蜜廠商 Airborne 的主管，職責之一便是尋訪稽核合作蜂農是否照章行事，符合公司所要求的高品管，如是，才買進該季蜂蜜。筆者去訪時，便由他負責帶我參觀工廠、蜂場以及各樣的蜜源植物，如蕎麥、胡荽、藍薊花等，最後一站是遠繞至山裡，看紐國甘露蜜的主要蜜源——黑色山毛櫸樹。

車到了山腳下，四輪傳動涉溪、爬土坡，再步行一刻鐘便可見到山毛櫸林。山毛櫸樹身高長黑漆，這「黑」部分是因樹汁甘露滲出樹表氧化所致，微風裡尚有醉人甜香。不過，當日虎頭蜂肆虐，蜜蜂們都躲開不採蜜了，只見黃壓壓的險惡蜂類獨占蜜汁，讓人憤恨。再繞道林後小路，有一寬闊廣場，周圍山毛櫸環立，中間卻座落一烈火吞噬後的炭黑古典廟堂，有點像京都的唐式古廟。雖遭祝融，其偉壯的主結構仍在，在此荒林突然見著，頗有滄桑壯麗之感。然而愈近日落時分，反到有股幽森的鬼魅之氣，因著這魅惑氛圍，我按下快門——後有山毛櫸林，前景則是這宏偉怪奇的黑色廟堂；心想這場景或可放入書裡頭用用。理查說這是日本人拍片所留下未清除的場景遺跡，如同北島有《魔戒》之拍攝，至紐西蘭取景已蔚

已故的紐西蘭蜂農理查正在檢視管理蜂箱。　　已到天堂牧蜂的養蜂人，理查。

然成風。然而，此番底片失落，此情此景當也只能留存心中，無緣與讀者分享。

其實，理查身體狀況不佳，動過四次心臟動脈繞道手術，採訪當時他需每日洗腎，為了方便，甚至斥資買了洗腎機在家使用，由於需要夫人幫忙操作機器，所以她已經數年未出國旅遊，遑論想去美國進修生化碩士班。既知健康隨時可能亮起紅燈，還去參加自行車競賽，這不是自尋死路麼？後來得知，他和夫人與兩個孩子也在行列中參賽。至此，我總算了解這個笑聲爽朗如陽、握手勁道如牛的養蜂人。他也預期到了人生終點來日不遠，與其鎮日槁木死灰臥床洗腎度日，他選擇如此走法，真令人沉思再三自我生命的真諦。

10歲時，理查的蜂農鄰居給他一箱蜜蜂當生日禮物，自此他便成為養蜂人。此後兩年，他已有十幾箱蜜蜂，每日騎腳踏車十數公里去管理蜂群、採蜜賺取零用錢。

理查說，紐西蘭的車牌可自選，他便搶先登記了養蜂人的縮寫「BEEKPR」，他倚著車尾，我按下快門，這次終於捕捉到這命定養蜂人的神情。

如今，理查安在？仍在天堂牧蜂嗎？今年的白花三葉草開得可好？在此援引美國小說《蜂蜜罐上的聖瑪利》（The Secret Life of Bees）段落中的「蜂蜜歌」，祝他一路好走。

法蘭西蜂情錄——法柏

法國南部偏遠酒鄉科比耶赫（Corbière）晴陽耀空，湛藍千里，先前經過南部大城土魯斯（Toulouse）外環道路老是下錯交流道（當時還不流行GPS），加上一些標示令人摸不著頭緒的迷魂路標，我這駕駛新手在此景色壯闊的法南獨自趕路，忽忽撇見左側又又一路，與我欲前行村莊Montseret正好成90度之別。天呀，別又來了，我又錯過正道，開岔了？懊惱之餘，連番回頭想再瞧仔細路標，沒想到方向盤一歪，我這租來的新車就滑入葡萄田旁的深溝……由於溝渠過深，車子恰好傾斜45度「騎」在溝裡動彈不得，幸而這鄉野小路仍偶有行車經過，

一村人好心載我到 3 公里外的目的地──克羅塞斯蜜廠（Miellerie des Clauses）。

養蜂人法柏及悍馬車上的幾落蜂箱。

此行是來拜訪養蜂人及製作蜜酒的法柏（Yves Fabre），在採訪之前，為了將我的租車先行拖離現場，法柏及其工作夥伴準備了拖車繩索，以二次大戰時的日產悍馬車載我至現場助車脫困。在車尾扣繫好粗繩，這年久失修連門都幾乎闔不上的「悍馬」失心瘋地嘶鳴一陣，竟然也將這卡陷深溝裡的歐寶拖上路面，真是引人蕭然起敬。只是，悍馬車後還有幾個蜂箱留置，這一來，蜂兒驚慌失措，紛紛飛至箱外嗡鳴亂撞，或許是已經飽食，蜜蜂心情頗好，未對我們發動自殺式攻擊。我幫不上忙，在一旁看著兩個年過 60 的養蜂人、破散的悍馬車、車後幾落蜂箱爭鳴，和我落難的車，竟然覺得荒謬好笑。我竟然被兩個養蜂人拯救了。

法國隆河谷地盛開的金雀花（Genêt）也有蜜可採。

「生命在別處！」（La vie est ailleurs!）1968 年法國五月學運時，千萬形式的口號喊得震天價響，只有這句警鐘敲進了大學生法柏和其志同道合的同學心坎，紛紛跨出象牙殿堂下鄉務農，尋求藉由體力勞動體現生命真諦成為一股風潮，有些遷徙到了法國中央高地牧羊，而法柏一群，則到了鄰近法西邊界的山腳養蜂。

初到鄉野，這些年輕學子總被世代務農的正牌莊稼漢訕笑，心想這些喊口號的巴黎人哪懂農事，這又不是校外教學。不過，三十寒暑過去，正牌也早凋零殞落，法柏一夥早就磨練成精，不但蜂產品銷售頗佳，也成立了生態解說館，他釀的蜜酒更是「巴黎農產總競賽」的常勝軍，已成一代蜂人典範。

尼泊爾獵蜜人──Rabi Lal Gurung & Purna Bahadur Gurung

除了我們熟知的養蜂人，還有一類為數甚少的「獵蜜人」（Honey hunter）依舊操持流傳萬年的原始獵蜜活動，讓現代人能夠親身體驗 8 千年前西班牙洞穴炭筆壁畫裡的獵蜜場景。

當然，也曾聽說臺灣原住民採取野蜜，或是中國雲南麗江也有人自崖頂懸掛繩梯以降，貼壁取蜜。然而臺灣野蜜九成有假，而雲南麗江頂多是偶一為之的演秀（中越邊界確有採岩壁野蜜傳統，待後段介紹）。主要是現代化的蜂蜜產業已能產製量大穩定、口味鮮美的蜜品，以廉宜價格供應消費者，這種要冒高度風險的獵蜜活動自然逐漸消失。

就筆者所知，目前仍依循傳統儀式和獵法取蜜，全球主要只剩四個地區：一是澳洲北部的原住民，二是東南亞的馬來西亞擴及印尼地區的原住民，三是尼泊爾深山裡的古隆族人（Gurung Tribe），四是雲南與越南邊界深山的少數民族。前兩者主要是取樹梢上以及樹洞裡的野蜜，後兩者則是攀爬懸崖獵蜜，且因尼泊爾和雲南南部的黑大蜜蜂（俗稱岩蜂）是全球最大、最兇猛的蜜蜂品種，比馬來西亞的大蜜蜂還要巨大，更增險惡。澳洲原住民則幸運多了，當地蜜蜂屬沒有毒針的無螫蜂，頂多咬疼人罷了。

論驚險度、蜜蜂兇猛度，以及傳統習俗的保存，尼國是活生生的自然歷史博物館，實是探蜜者的聖地。所以趁當地雨季來襲前，我與友人深入尼國蠻荒以親臨眼見。

自首都加德滿都擠上當地公車搖晃了 8 小時，終於到了終點站貝西薩哈村（Besishahar）。這原本 5 個小時的車程因有突發車禍，加上一路沒有站牌，司機不管是看到獨行路人或是臨經百座村落的任一座，均以高分貝喇叭連續按數十下攬客才干休，且前些時日山區共軍游擊隊作亂突襲，軍哨路障頗多，到站時我幾已累癱。不過，Besishahar 村其實才是步行的起點，當天下午便花 5 小時手腳並用地攀過一座山頭紮營露宿，隔日復行 8 小時到獵蜜人所在的布強村落（Bhujung）設帳。隔日，在荒煙漫草、怪蟲血蛭滿盈、陣雨時而罩頂的山林裡復行 6 小時，才到獵野蜜的岩壁旁，看獵蜜人與黑大野蜂鬥法，取其蜜食。

獵蜜人一行 10 人，除了 70 歲的長老 Parna Gurung 指導觀戰外，主要登岩獵蜜者是由 64 歲的 Rabi Lal Gurung 以及 54 歲的 Purna Bahadur Gurung 執行，其餘是年輕助手。獵蜜前，Rabi 與 Purna 先席地坐下頌唸佛經以求天佑，邊唸邊將手心裡的白米灑向四界，禱詞輪轉複誦一刻鐘才停。接著在一路背上山的黑色羔羊身上灑米、水，唸唸有詞，後放羊吃草活動，見其咀嚼幾株青草後，擺頭抖尾將身上米、水甩除，圍觀獵人們忽而一嘆，感謝天允這次的獵行。接著，以開山鐮刀割開羊喉，使血水滴入盆內，接著拔來身旁的一束綠葉沾血，將羔羊祭血灑向獵蜜險崖處，請求山神與精怪原諒此次的侵擾。

此懸崖斷壁高約 70 公尺，旁有壯闊猛瀑奔流，底下是深險的溪流，壁上有大型漆黑蜂窩十來處，助手先降下點燃的竹葉扎綑，以煙燻驅走蜂群，但因細雨霏霏，三番兩次才成功逐走大部分蜂群。黑壓壓的大蜂逃竄，頓時可見半圓形的乳黃蜂巢顯露，是動手的時候了。

繩梯降到採蜜處，兩獵人便身手靈巧地攀降至該處。天然蜂窩分成兩個部分，下部為養育蜜蜂幼蟲的蛹巢，上邊才是儲蜜處。要強取其蜜，這裡的傳統作法是將整巢採下（所幸這些勤勞的大蜜蜂只消一個月便可另築新巢）：先將碩長竹竿繫上繩索以及一卡榫片，再將蜂窩下部的蜂蛹巢房刺穿一小洞後，將繩以及卡榫穿過，手腕一轉，繩出，卡榫便卡在蜂窩另一頭。如此兩次，便有兩個繩榫支撐點，然後以另一扁匙狀竹竿裁下蛹巢部分，便可將此懸吊岩壁旁的蛹巢吊上崖頂。不過，由於這些野生蜂巢碩大無朋，有一成人身高，兩手展臂寬，所以當日因卡榫支撐不足，有兩次蛹巢都掉入深淵之下，大夥的同聲一嘆回盪在荒谷間。畢竟，咖哩生炒巨蜂蛹是獵人們的美饌、深山裡的最佳營養補給品。

儲蜜巢體積較小，故獵蜜老者可整個將其取下，放置於垂下來的竹籃裡，再由助手拉昇即可。這深山野生杜鵑花蜂蜜因頗具療效，受韓國及日本部分注重食療者的喜愛，售價高昂。不過，大部分所獵得蜜食，主要還是布強村落民眾分食去了，外售者仍佔極少數。我取一大塊獵人們分我的巢蜜入口，其蜂蠟在口裡幾乎全數化去，如金煌芒果般的芳馨花果味，妙極！

　　跋山涉水，當不只是為了這一口金黃蜜液，而是希望見證這還活在 19 世紀樣態的淳樸小村，如何祭祀敬天、攀崖獵蜜，畢竟這活歷史的場景還能撐過多少年光景。終有一天，村裡青壯輩全被迫到加德滿都謀生，到時誰還來冒險獵蜜？

尼泊爾獵蜜人攀岩獵蜜前，再次執繩雙掌合十。

黑大蜜蜂的蛹脾非常巨大。

（右）指導觀戰獵蜜的長老 Parna；（中、左）登岩獵蜜的兩人眼皮嘴唇都被叮腫。

逐走大部分蜂群後暴露出的半圓形乳黃蜂巢，岩上尚有黑漆蜂團近十處。

中越邊境的保育獵蜜高手——小李

除尼泊爾西部高山，中國雲南南部中越邊境的保山寨村附近，也有岩壁獵蜜傳統。不必行走數天，但仍舊偏僻遙遠，要抵達這高海拔的荒野小村實屬不易。這次要採訪的，是將近40歲的第五代獵蜜人小李，他也是該村以及附近地區唯一倖存的岩壁採蜜者。

稱呼小李為獵蜜人其實過於簡化與不敬，因他實是一名盡責的野蜂保育人，當地政府還在他家旁設立「野蜂救治繁殖點」石碑，讚許其嘉行；碑下小字寫著：「不得在附近噴灑有毒有害物質、放火和實施一切對蜂群有害的活動（只是道德勸說，並無罰則）。」可知燒蜂、毒蜂以奪蜜的無良商人，才是這些野蜂的最大天敵，許多還是跨越邊境進行非法毒蜂行徑的越南人。筆者去訪時，他家後院便掛有一窩兩個月前搶救回來的黑大蜜蜂（此地也稱「排蜂」），經保育後，蜂巢已幾有一成人手臂張開寬度，他還用自製的草藥蜂后訊息素控制蜂群不飛逃，等至蜂群群勢壯大到可以自行繁衍無虞，便會移至山林放生。

小李採岩壁野蜜最主要目的是保育繁蜂，其次才是賣蜜賺取生活費，他也種稻補貼收入，以養活一家九口人。為何說採蜜可以繁蜂甚至壯大蜂勢？原因在於，當外界蜜源眾多，蜂巢填滿蜂蜜時，蜂后就沒空間可以產卵、培育下一代新生命，整體群勢便會衰弱（此為「蜜壓子」現象）。或許您會問，巢房不夠，是否工蜂多蓋些即可？須知黑大蜜蜂都築巢在岩壁內凹處（才有足夠支撐點），且不似義蜂或中蜂會築垂直於地面的多塊巢片，黑大蜜蜂一群（一個王國、一隻蜂后）僅造一片蜂巢，因重量所限，不可能無限擴大，否則無法黏住岩壁，勢必掉落崖下。因此，人為的適度採蜜其實有助黑大蜜蜂蜂群的發展。

不似尼泊爾獵蜜人將蜂巢整片鏟下，蜜、粉、蛹一起吃光抹淨，小李只採蜜，不碰子脾（幼蟲房與蛹房）。小李採蜜也極有良心：外界蜜源豐富（如春秋兩季）時採蜜三分之二，蜜源少時（如夏季與冬季）只採三分之一或更少。永遠以蜜蜂的永續生存為念。

小李入山採蜜時，有時一走離家就需餐風露宿兩三星期，有次糧食耗盡，多虧有蜜在身救他一命。筆者此次探訪僅待兩天，無法走遠，所以小李帶我自村裡步行入山一個半小時，來到一處海拔約2千公尺的一座崖壁前。此山壁約5百公尺高，但可徒手（陰雨天，筆者手腳並用，有時還跌個狗吃屎）登至約450公尺處，要採的目標蜂巢就位於50公尺高的垂直岩壁上，徒手無法搆得。小李和助手先登至山頂，打算以登山繩索垂降至蜂巢處，但後來發現此巢較往岩壁裏內縮，若自山頂垂降，視線不明，可能會不小心踩毀蜂巢，所以改弦易轍，改從底下以登山繩攀至採蜜處（古老作法是由下往上搭木架）。

三月早春，氣候仍寒，氣象不穩（按小李說法，此地一天有四季）。期間突然風雲變色，狂風暴雨夾擊，筆者就站在僅容雙腳的一處岩塊上，距離蜂巢約30公尺處，準備記實拍照。因雨太大，小李與助手先找地方躲雨，我則無地自容，上也不是下也不是。石上青苔與雜草在雨裡異常滑溜，我的舊球鞋鞋底早已磨平，故不敢輕舉妄動，只好抱膝半蹲蜷縮，任憑風吹雨打。半小時後雨停，有時金陽穿雲，有時又烏雲罩頂，但總是可將相機拿出執行任務。

小李以登山設備將自己拉升攀爬至約蜂巢所在的40公尺處，先點燃燻料趕蜂；不似尼泊

爾焚燒竹葉，小李點燃的是有機野生牛糞（不吃玉米與人工飼料的高山放養牛隻之牛糞），除將黑大蜜蜂暫時燻開，也可干擾工蜂傳遞群起攻之的訊息素（荷爾蒙），方便採蜜。之後，蜂群飛逃四竄，也飛撞到我眼前，讓我不時心驚膽戰（畢竟黑大蜜蜂體型是一般蜂的三倍大）；幸好，我終是在掀起與蓋上蜂帽紗網的剎那與擔心摔落山谷的驚嚇間，完成拍攝任務。

九成的蜂飛逃後，便可以清楚看到，因山勢關係，這片蜂巢形狀看似由一大一小的兩個半橢圓狀連接起來（如果山壁較平坦無凸出，蜂巢通常呈現完美半橢圓形）。較具規模的黑大蜜蜂巢會由上而下分為三區：蜜區、粉區和子區（幼蟲與蜂蛹）。此外，蜜區又分為上下兩部分，當下面的新進花蜜區的蜂蜜熟成、水分降低後，會被移到上面的熟蜜區（達到蜜蜂認定可以長久存放的標準）。

小李說，黑大蜜蜂在習性上通常不封蜜蓋。首先，蜂巢若太大太重會無法黏住岩壁，所以巢脾發展到一定大小後，蜜區、粉區、子區的正面巢房面積會固定，不會再往旁往下延伸增加重量，但可能會往岩壁的垂直方向加厚，以利儲存更多蜂蜜；但因蜂房的深度變大（可以是一般蜜蜂蜂房深度的十倍以上），為方便儲蜜，通常黑大蜜蜂不會將上層的熟蜜封蓋（除非完全無人採集，蜜源又多，或許經過三年，工蜂會封上蠟蓋）。

中華蜜蜂蜂團的核心溫度一般維持在攝氏 42 度左右，西方蜜蜂則在攝氏 34 至 38 度左右，黑大蜜蜂的中心巢溫為攝氏 26 至 27 度，低於前兩者許多，因此花蜜的水分蒸發速度相對慢了許多——要轉變成熟蜜，被黑大蜜蜂儲於上層蜜區大約需時 2 至 3 個月。我未曾有機會以糖度計在產地測試黑大蜜蜂上層熟蜜的水分，但以口嘗經驗判斷，筆者猜測約在 18％ 左右（可以久存不壞），若是冬蜜，水分還會更低。當天，小李觀察到春寒料峭，蜜源初開，蜜蜂可採用的植物還不多，所以僅取熟蜜區五分之一的量，好讓蜂兒食用不虞匱乏。

小李是彝族人（李姓譯自漢文），家窮，從小務農幫助家計，初中沒畢業，但靠自己努力，中文說寫頗為流利。他有本流傳了 6 百至 7 百年以上的家傳彝文經（照片是較近期的手謄版），若照原文順序誦念，是本讓逝者安息的誦經書，養蜂技術與知識也源自同本經文，但另存有秘傳口訣破解譯碼：例如，握有口訣，則讀經者可從第 W 頁第 X 行，接續第 Y 頁的第 Z 行，如此跳接組合便可讀出「秘製草藥蜂后訊息素」的配方，也就是說，需要破譯「電文」才能讀懂獵蜜、馴蜂蜜技，以及蜜蜂生態的相關知識傳承。

對意圖破解讀懂「蜂經」者，困難的是，即便是一個彝文的蜂字，都是由某字的某音節拆開後，去與另一個字的音節組成，然後才是文章段落重組，對於只懂彝文者而言（由於學校不教，識彝文者也愈來愈少），是讀不出養蜂堂奧的。口訣不形諸文字，只傳給被家族認為夠資格擔任獵蜜的傳人（基本條件：不懼高，不菸不酒，不貪婪）。

初春剛採的黑大蜜蜂巢蜜，其實是蜜蜂未消耗完的冬蜜，嘗來有鮮採鳳梨與波羅蜜滋味，實為天賜美饌。這裡的黑大蜜蜂主採分水嶺以及附近的蜜源植物，保守估計的蜜源至少 200 種（是真正少見的百花蜜）。由於小李不懂山裡多數蜜源的中文稱呼，能確定的只有：杜鵑、飛機草、車前草、金銀花（忍冬花）、野生石斛、野生板栗、野菊、冬梅、冬陰果、櫻桃樹、冬光樹以及藥用重樓草。

小李表示，獵蜜的收入大約是縣城年輕人薪水的一半（縣城電銲工一個月薪資約3千8百人民幣），所以生活條件還不如小康之家。中型蜂巢每次約可採15公斤，每趟約可揹回30至35公斤，然而常常要步行三天才抵深山獵蜜處，還要冒摔傷、摔死、被叮傷或叮死風險，加上要給付採蜜助手兼揹工每天2百元人民幣工資，其實淨賺不多。在這樣的嚴苛條件下，難怪他是該村現存的唯一獵蜜人。但傳人在何方？這傳統獵蜜技術可存續多久？萬一小李不在，無良盜蜜者是否會將黑大蜜蜂全數毒死燒盡？

小李家後院搶救回來的黑大蜜蜂窩。

狀似象頭的岩壁最左凹陷處像眼睛的地方，有窩小型黑大蜜蜂窩。圖正中那窩規模較大者，是此次採蜜目標（雲南與越南邊界地帶）。

有蜂群飛回護住蜜脾，小李正以草枝輕輕撥掉蜜蜂。

小李手持現採黑大蜜蜂蜂巢蜜。

小李用來燻蜂採蜜用的自製物：有機牛糞（右）及含有樟科香葉樹的薰香枝（左）。兩者都摻入祖傳防巢蟲（蜂被驅離後，若未及時回來護巢，假使有小蟲光顧，則易生巢蟲）與防火焰材料（怕懸崖風大，不小心點燃旁邊的易燃植物）。

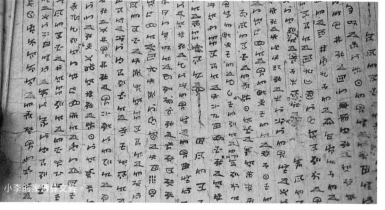

小李的家傳牛羊文書

小李開始攀爬岩壁準備取蜜，中型黑腳大蜜蜂蜂巢約有 7 至 8 萬隻蜂。

探蜜神農架——項斌

2016 年 7 月，聯合國教科文組織世界遺產委員會在第 40 屆會議上，將「神農架自然保護區」列入《世界遺產名錄》，榮膺「世界自然遺產地」的稱號。神農架位於中國湖北省西部邊陲，相傳上古時代神農氏在此搭架上山採嘗百草、救民疾夭、教民稼穡而得名，這裡完好保存洪荒時代風光，尤以「野人」之發現最為著名。

神農架是中國唯一以林區命名的行政區，當地獨特的地理位置和氣候特徵，孕育了豐富的動植物資源，保存有全球北緯 30 度地帶最為完好的北亞熱帶森林植被，被譽為北半球同緯度上的「綠色奇蹟」。神農架自然遺產地內有 3,767 種維管束植物，已記錄脊椎動物 600 多種，已發現昆蟲達 4,365 種。

筆者在 2015 年初春也來到神農架探蜂，此番採訪的是養蜂達人項斌。他曾是湖北神農投資旅遊集團的神農架官門山景區蜜蜂園負責人，主要負責養蜂，現則升任為科長，掌管生態保護。老項（雖項斌僅 30 出頭歲，但大家都這樣暱稱他）之所以如此快速升官，主要是前幾年所負責的項目獲致極大成功，吸引無數遊客來訪官門山景區蜜蜂園的關係。

蜜蜂生態園到處都有，老項的神農架版本有何獨到，吸引我從臺灣飛過去？其實重點就在《中國國家地理雜誌》所刊出的一張照片：乍看會以為光禿裸露且高聳險峻的岩壁上星羅棋布地掛滿懸棺，以為是中國大武陵山區專為夭亡孩童準備的小型懸棺，細讀才知滿布的是樹幹或是木片組成的傳統直式蜂箱，壯觀嚇人，前所未見，遂動身前往以瞻仰這「蜂箱當代藝術」。

老項原是旅遊集團員工，剛好會養蜂（養蜂第三代），公司就在 2011 年派他設立這岩壁懸棺蜂箱（他為此還去學攀岩，並取得教練執照），一方面增加觀光亮點，一方面保育數量愈來愈少的野生中華蜜蜂，卻意外點燃官門山景區的觀光與神農架蜂蜜的名氣。

岩壁上半部的蜂箱主要是招引野蜂進駐，採蜜時僅採下半部的蜂箱。冬季食物少，野豬和黑熊可能會來偷蜜吃蛹，此時，項斌會將位置較低的蜂箱往上搬一些。神農架蜂蜜的特點是蜜源純淨無汙染，還有川流不息的山泉水以供蜜蜂採水，且附近無經濟作物，所以無藥殘。一年僅採蜜一次（8 月採收，每次只取三分之一，剩餘留給蜜蜂越冬，不餵糖水），故而數量稀少，為高海拔（約 1,200 公尺）野蜂所採，蜜源眾多，滋味細緻繁複。

以大陸而言，多種蜜源混合的蜂蜜售價較高（因內含不同花粉，被認為營養價值更高），尤其像是神農架生態保護區裡的蜜源，有許多來自平地少見的樹花，所產的蜂蜜售價更是高出平地的草花（草本植物的花，如油菜花）蜂蜜許多倍，與臺灣獨尊龍眼蜜非常不同。當然這也與蜂種有關——深山野蜂所採的蜜通常不經濃縮，而平地由義蜂所採的大片蜜源蜂蜜，常是水蜜濃縮而成。

老項驕傲地說，官門山可是神農架的植被倉庫，目前共有植被 3 千多種，且八成以上是

藥用植物。項斌的「神農架土蜂蜜」裡，據他估計所含蜜源植物有上千種（真可詮釋法國千花蜜的說法）：一般包含了黃柏（可清火、花小、花期長）、鹽膚木、漆木（花期長）、苔草（粉多，3月開）、各種蘭花（春蘭、花蘭與劍蘭）、板栗（粉源為主）、梨樹、桃花、野桂花、紫雲英與杜鵑等等；藥用植物蜜源（5至6月開得最多）有天麻、黃連、當歸、烏頭、獨活、母貝與十大功勞等等。其蜜不僅滋味幽深繁複、和諧柔潤，千種的花蜜精華也讓它具有極佳養生價值。

　　由於中蜂易逃蜂，若遇上了，怎麼辦？老項說：「中國傳統上，在春天野蜂飛逃時，會敲鑼，以打斷蜜蜂振翅所傳遞的訊息，使其無法整群飛太遠；以音波將蜂震落在附近枝頭上，以利收蜂。還有以細沙丟擊飛在半空的偵查蜂，以遏止飛逃。也可用噴霧器噴水，浸溼蜜蜂翅膀使其飛不快，或甚至整群暫時落在附近枝幹草叢間，再趁機收蜂。」項斌基本上不剪蜂后翅膀，也不用王籠幽禁蜂后，希望採取比較自然的養蜂方式：蜂逃了，再抓回來就好；甚至逃走一些也沒關係，只要生態良好，以後都有機會將蜂擒回。

　　湖北神農投資旅遊集團背後有部分國營投資，賣蜜目前並非主要營業項目，蜜質雖高超，然而蜜價也非常人可負擔，大概要是「蜜癡級」人士才願付高昂代價買蜜。讀者若到當地，可在木魚鎮中心貨比三家後買些神農架蜂蜜，價格低廉許多，惟或因海拔關係，許多市鎮販售的所謂「神農架蜂蜜」，口味就是不若項斌所採那麼精緻繁複，且有時帶輕微苦韻（應是混到較多栗樹蜜）。即便如此，只要是產自神農架林區的蜂蜜，其蜜質都比平地義大利蜂單一蜜源蜂蜜優質許多。

剛採自岩壁蜂箱的中華蜜蜂蜂巢蜜，上面那塊中間有些蜂蜜已經結晶。氣溫低或弱群越冬使蜜蜂護脾保溫不足，也會使天然巢蜜結晶。

神農架野蜂蜜滴出後，置於青花大甕中數月，完全呈結晶狀。

三月時節神農架的枒木（即野桂花）正盛開。

神農架蜂蜜是將蜂巢略微敲碎後置於紗布上，靠重力自然滴流到下方陶甕中，蜜味更為飽滿。

項斌與其傳統直立式蜂箱（內有十字形木架支撐蜂巢）。

神農架蜂蜜藥用蜜源之一的十大功勞。

神農架土蜂蜜。

■■■ 第九章　城市養蜂

「蜂群崩潰失調」（Colony Collapse Disorder）現象導致部分歐美國家的蜜蜂飛出巢箱後行蹤成謎，最終滅群，引起環保人士甚至一般人對蜜蜂生存議題的關注，也帶起一股城市養蜂（urban beekeeping）的「新蜂潮」。台灣尚未發生明顯的蜂群崩潰失調案例，但因近年食安問題頻傳，也讓部分城市人開始興起自行養蜂、自己採蜜的念頭。

　　成功地永續養蜂和採蜜並不像養寵物般那麼簡單，雖然進入門檻（買蜂和設置蜂箱）不高，但養蜂的專業知識要求卻不低，至少要三年以上實際養蜂經驗，才能在真正碰到狀況時看懂蜂況、問對問題，及時介入，使蜂群不致病弱而導致滅亡。看書自修不是不可能，但養蜂的棘手狀況百出，筆者估計沒前輩帶領，可能需要至少六年以上光陰，才能掌握養蜂與管理蜂群的訣竅。

　　所幸在 2015 年初，照護身心障礙者的心路基金會聯合台北市松山社區大學開設「市民養蜂體驗課程」，在微遠虎山藝文展演空間幫有興趣的市民上課。20 小時的課程分為室內與室外兩部分，室內授課包括蜜蜂、養蜂技術與蜂產品介紹，室外教學則有親自養蜂、蜂群管理以及採收蜂產品體驗。筆者雖報名不及（報名情況非常踴躍），但被允許旁聽與觀察。我的感想是，約 30 名學生中，大概不會超過一成會在課後實際養蜂，而短短的 20 小時課程其實也不足以學成出師，但至少讓學生們認知到，城市養蜂已在全球各大城市蔚為流行，也讓他們不再對蜜蜂那麼戒慎恐懼。

　　不管再怎麼老練，保護（穿蜂衣、戴蜂帽）如何周到，養蜂過程中難免遭蜂螫。其實只要心情放輕鬆，被螫幾次也就慢慢習慣（對蜂毒特別過敏者除外）；遇此情形，筆者都當作蜂療來看待。如果讀者同我一樣，不特別怕蜂，對蜂毒沒有過敏反應，且想更進一步學習養蜂，另有更扎實的官方課程可上。

　　隸屬行政院農委會的苗栗農改場，開設有「養蜂入門班」（3 天）、「養蜂初階班」（10 天）以及更深入的進階主題課程。若真有志於養蜂，可嘗試報名，但名額有限，報名競爭激烈，不一定能入選，且因有政府補助，學費相當便宜。入門班基本上只要有興趣、報名手腳快，都有機會；初階班則必須確定以養蜂為業，否則入選機會渺茫。這兩課程筆者都有幸上過，也獲得結訓證書，但臨時要上陣養蜂，還是會手忙腳亂。

　　此外，農民學院自 2016 年 12 月起也開設「嗡嗡嗡養蜂趣」線上養蜂入門班，有興趣的讀者可上網查詢。

城市養蜂確實可行

　　城市養蜂真的可行？答案是肯定的。位於巴黎的「蜂群蜂蜜專賣店」（Les Abeilles）販售的一款「巴黎蜂蜜」（Miel de Paris），就是由採自巴黎市區內的百花百草釀成，內含有

洋槐、椴花、栗樹花、樗樹（Ailanthe）等蜜源植物，花香駿逸出塵，口味精妙。無獨有偶，美國 Marshall's Farm 公司也推出一款「舊金山城區蜂蜜」（S.F. City Limits Honey），以市區花園以及附近小山坡的野生花草為蜜源。

台北市也有令人振奮的消息。2015 年初台北 W 飯店與心路基金會合作，共同推動「城市養蜂送暖計畫」，在飯店頂樓養了 5 箱蜜蜂，第一次採集了 3 公升的蜂蜜，除將蜂蜜用在餐廳料理推出「蜂蜜起司蛋糕」和「Bees Knees 調酒」外，其他蜂蜜交由心路販售，收入用以幫助身心障礙者。然而據說因附近鄰居抗議，飯店最後只好將蜂箱撤下，使該城市養蜂計畫在不到幾個月後就告終。其實，除非侵犯到蜜蜂蜂巢或是猛然掀開蜂箱頂蓋，一般人在市區被尋花採蜜的蜜蜂螫到的機會幾乎是零，抗議者實在是過於大驚小怪。

在此提供台北市城市養蜂的另一成功案例。筆者養蜂班的余同學在大巨蛋附近養了 4 到 5 箱義大利蜂，採的是臺北機廠（現為國定古蹟）、大巨蛋、松山文創附近以及國父紀念館裡的蜜源植物；第一批 5 月所採的蜜風味不錯，但並不特出；第二批 6 月初所採，蜜色金黃帶橘，具明確熟芒果香、酸香略帶鹹，質地甘潤，回韻綿長，深受我與周遭愛蜜人讚賞。6 月這批的詳細蜜源植物還有待調查，僅知可能有咸豐草、白千層與國父紀念館裡的七里香（月橘）。

據筆者初步觀察，北市主要的蜜源植物為白千層，但夏末初秋綻放澄黃耀眼小花的台灣欒樹（天母忠誠路最多）產蜜兼產粉，也是不錯的蜜源植物。此外，筆者住家附近的黑板樹（Alstonia scholaris）會在 11 月中盛開淺綠色小花，蜜色橘黃，嗅有輕淺橘皮與甘草氣息，入口膏稠，啖有漬梅、漬芒果、漬過熟鳳梨滋味，尾韻具漬青梅蜜餞酸香，也是可資利用的輔助蜜源。

左／「市民養蜂體驗課程」的室外課程讓市民體驗養蜂之樂。

中／秋季綻放澄黃花朵的台灣欒樹是北市不錯的蜜源與粉源植物。

右／11 月開花的黑板樹也可成為不錯的城市養蜂輔助蜜源。

專業化的巴黎城市養蜂

巴黎市的城市養蜂其實行之有年，普克頓（Jean Paucton）早自 1981 年就在巴黎歌劇院（Palais Garnier）屋頂養蜂；因地點特殊，加以受到媒體大量關注報導，歌劇院內禮品店所賣的「巴黎蜂蜜」價格頗為高昂，讀者若想以較為合理的價格購買，建議改去「蜂群蜂蜜專賣店」。

為進一步了解巴黎城市養蜂現況，筆者再度回到花都訪問養蜂企業家尼可拉・傑昂（Nicolas Géant）。尼可拉早先以「Nicomiel」為品牌養蜂、賣蜜 30 年，後在 2010 年 9 月建立 Beeopic 專業蜂具供應商，在巴黎西郊設點販售所有與養蜂和採蜜相關的器具與設備，甚至連蜂群與蜂后都能提供，目前也有線上販售。

幾年前起 Beeopic 還進一步提供前所未聞的服務——城市養蜂之蜂箱租借與養蜂服務：在巴黎市中心的企業辦公大樓、教堂、博物館，甚至是星級餐廳的屋頂上設置蜂箱，並由該公司人員提供整年全套養蜂管理服務，讓蜜蜂以簽約客戶的屋頂為基礎，在直徑約 5 公里左右訪花釀蜜，待蜜熟且封蓋之後，除幫客戶萃蜜裝瓶，甚至蜜瓶上的蜜標也可客製化；採蜜過程當中，客戶可邀請員工、合作廠商，甚至是家人一同觀察取蜜和裝瓶的過程，藉機讓民眾親近蜜蜂，了解蜜蜂即便在市中心也能與人類和睦共利的相處。不過，此服務只提供給企業或團體，並不與個人住家合作。

Beeopic 的養蜂服務費用以每單位蜂箱租用一年來計算，但也與蜂箱放置點的距離和位置有關；Beeopic 總部位在巴黎西南郊區約 50 分鐘車程，故放置點愈靠市中心或愈是高樓層（有時沒電梯），收取費用也愈高。因怕蜂箱量過多產生安全疑慮，通常每個客戶的屋頂只設兩、三落蜂箱（每落包含底下巢箱和上層儲蜜繼箱）。

尼可拉手下有 4 名員工（總員工數 15 名）專門負責巴黎市蜂箱租借服務部門，可見是門可行的生意。Beeopic 目前在全巴黎共設置了 160 至 180 落蜂箱（蜂箱數量依季節而有變化），最知名的設置點為巴黎聖母院（蜂蜜不外賣）以及巴黎大皇宮美術館（Grand Palais）。除出租

「CCD」對蜜蜂的威脅

自 2006 年起，歐美國家傳出大量蜜蜂飛出巢箱後行蹤成謎，甚至遺棄了巢房中的卵與幼蟲，一段時間後原蜂巢全部滅絕，這「蜜蜂黑死病」被稱為「蜂群崩潰失調」（Colony Collapse Disorder，簡稱 CCD）。經專家多年研究後，認為 CCD 並非由單一因素所引起，成因更是眾說紛紜，但大體認為可能的要因有：蜂蟹蟎、以色列急性痲痺病毒（IAPV）、微粒子病、營養不良，以及呂陳生教授推測的罪魁禍首——新菸鹼類殺蟲劑（新類尼古丁殺蟲劑）；此類殺蟲劑（如益達胺、尼可丁、賽速安）會破壞蜜蜂神經系統，使其回巢時的「導航系統失靈」，無法歸巢而死於野外。幸好，目前台灣還沒傳出此症威脅，但仍應小心防範。

有幾隻義蜂的背板已被蜂蟹蟎寄生

用的蜂箱，Beeopic 還另擁有約 600 個（很少取蜜）以養育、販售蜂王與蜂群為主的蜂箱。

　　相對於有大面積經濟作物（如小麥、玉米）的鄉村而言，巴黎可以收到更多的蜜（與未開發的森林原野所能獲致的蜜量相當）。麥類、玉米與稻穀基本上無蜜可採（只有花粉），因此對蜜蜂而言，大面積的農作地區其實是一片廣袤的「綠色沙漠」，較之蜜源多樣且隨季節輪流開謝的城市而言，農業興盛的鄉村未必是蜜蜂存活的天堂。

　　尼可拉表示，巴黎市中心每個蜂箱每年約可生產 20 至 30 公斤蜂蜜，他一年只到客戶處採蜜一次：帶著搖蜜機、蜜罐與其他器具，連同助手，穿過不必然十分寬敞的企業辦公室（或許沒電梯）到達樓頂取蜜，並非易事。對他而言，替客戶採蜜的最佳時節是法國國慶 7 月 14 日之後，因巴黎人都去度假了，搬運器具時會較為俐落不礙事。他說，巴黎的主要蜜源是栗樹、椴花、洋槐和國槐（Sophora japonicum）等，尤以前兩種最多，其他零星蜜源還包括松樹、柳樹、黑莓、白花三葉草、多種果樹、木樨科植物、吳茱萸屬植物、不同菊科植物以及十字花科植物等，整體蜜源非常多樣化。

　　蜂蜜一如葡萄酒，有年分之別。以巴黎蜂蜜而言，尼可拉說：「2011 是極好年分，陽光多，蜜源充足，蜂勢旺盛。2012、2013 與 2014 則是相當悽慘的年分。2015 也被預測是大好年〔筆者採訪時間是 2015 年 6 月〕，再往回推，2004 也是優良年分。」Beeopic 蜂具店裡雖也少量賣些蜂蜜，但並不販售巴黎蜂蜜，以免部分想出售蜂蜜的客戶感覺造成競爭而心生不滿。

Beeopic 專業蜂具供應商，器材種類繁多，前排是不鏽鋼搖蜜機。

Beeopic 提供在巴黎市中心之蜂箱租借與養蜂服務，照片所在處是大皇宮美術館屋頂。

Beeopic 也在巴黎聖母院屋頂進行城市養蜂服務。

尼可拉還指出，1898 年左右出現了一種造成法國歐洲黑蜂（Apis mellifera mellifera）大量死亡的蜂病，當時法國的亞當修士（Frère Adam）動身前往義大利，找來義大利蜂與歐洲黑蜂交配，產出新交配種的布克法斯特蜜蜂（Abeille Buckfast；也稱「亞當修士蜜蜂」〔Abeille Frère Adam〕），對當時的蜂病具有良好的抗病性，且因性情甚至較義蜂還要溫馴，故被該公司拿來當作城市養蜂的主推蜂種。蜂種的使用也與流行有關：25 年前法國流行義蜂，現在則愛用布克法斯特蜜蜂。

自來蜜蜂箱（Flow Hive）

2015 年初，澳洲的一對養蜂父子檔——賽德・安德森（Cedar Anderson）與史都華・安德森（Stuart Anderson）——在群眾募資平台 Indiegogo 發起兩人發明的「自來蜜蜂箱集資案」，宣稱有了此革命性蜂箱，可以讓人不必打開蜂箱蓋，不必買搖蜜機與其它器具，不必被蜂叮，只要轉開蜂箱上的機關，便可讓金黃可口的蜂蜜源源不絕地流出，滴入罐中，省事省時又不干擾蜂群，採蜜就似扭開水龍頭，故稱自來蜜蜂箱。此眾人前所未聞的採蜜方式在社群媒體上喧騰一時，網路媒體大肆報導，養蜂社群瘋狂轉貼，讓原本預計募資 7 萬美金的專案在 2 萬 7 千人的資助下，短短幾天就集獲超過 1 千萬美金的群眾贊助，成為 Indiegogo 史上最成功的募資案。

然而，自來蜜蜂箱真的這麼好用，每朝只消轉扭幾下就有純天然真蜜流出給大家享用？但是不打開蜂蓋，如何查蜂？如何知道蜜蜂的健康情形？蜂糧是否足夠？是否有巢蟲（蠟螟）與小甲蟲入侵？是否有蜂蟎爬在蜂背，一如背後靈吸食蜜蜂體液，導致不久之後滅群？是否失王（失去蜂后）？是否工產（工蜂產出未授精卵，只會生出雄蜂，導致滅群）？巢內是否積水、過悶？虎頭蜂來襲，不具養蜂知識卻買了自來蜜蜂箱的都市人，知道如何防治嗎？

還是您只知道以 L 型把手轉開旋鈕，藉著機制以上下錯開塑膠蜂房，讓蜜流出，其他一概不知？不懂觀察進蜜情況，不知道蜜蜂儲糧不足，還執意取蜜，蜜蜂如何過冬？餵食糖水該如何進行（小心不要淹死蜜蜂）？如何製作人造蜂糧？

另外，養蜂也是一種與自然親近的修行方式。養蜂後，你會注意四季植物的開花順序、花開花落期：院子的南瓜開花了，它是蜜源植物嗎？蜜蜂會採它的花粉嗎？另，附近是否有鄰居噴農藥呢？又，今天濕度如何？太乾燥花蜜不易泌出，但下雨會將花蜜沖散。高溫時，會想是否該去將巢門開大一些；寒流來時，要記得縮小巢門；颱風時，你會想到蜜蜂會不會隨著蜂箱一起被掃到地上。

凡此種種，你會開始以蜂巢小宇宙來觀察世界的運行是否和諧，或是環境日益惡化。慢慢地，你會體察到養蜂其實是一種與此神奇小生物的溫柔溝通過程。溝通理解夠了，即便開箱查蜂，蜜蜂們會安靜不兇躁，被螫的次數會大幅減少（偶而發生，就當作蜂療）；因你提供良好的蜂箱住所，還對蜜蜂噓寒問暖，則適當「取蜜收租」也就合情合理；反之，以為擁有自來蜜蜂箱就可以不觀察、不溝通、不理解，一轉「蜜龍頭」便要見蜜，這想法

不跟強盜一般？這種蜂箱只是更加疏遠了人與蜂、人與自然的連結。

　　此外，讓蜜蜂將蜂蜜儲在塑化蜂巢裡，也不是好事一樁。一位法國蜂農告訴我，他的一位養蜂前輩數十年前就試過塑膠蜂巢，卻發現蜜的味道不如儲在天然蜂蠟巢房裡的飽滿複雜，這也是筆者反對自來蜜蜂箱的另一要因。此外，蜂蠟泌自工蜂腹部的蠟腺，所築巢房除了用以儲蜜、儲粉外，還用以產卵與育幼，蜜蜂真喜歡住在塑膠蜂房裡？以中華蜜蜂而言，其工蜂對人工巢礎要求很高──只愛純蜂蠟製成的巢礎片，不愛摻有石蠟者。蜂巢內溫、濕度的調節上，純蜂蠟也較塑膠品為佳，且較能吸震。蜂蠟的化學成分超過 300 種，甚至能吸除某些蜂蜜含有的微量生物鹼（過多生物鹼會讓蜜蜂拉肚子）；純蜂蠟蜂房也是蜜蜂傳導訊息時的「資訊高速網路」，蜂蠟的共振頻率（230~270 Hz）在傳遞訊息時，易於被蜜蜂的足跗節以及觸角感知。更何況，塑膠蜂房（含有環境荷爾蒙）可能會干擾蜜蜂自體的荷爾蒙。

　　自來蜜蜂箱其實是委由中國廠商製造，果不其然，正牌的出現不久，中國山寨版的資訊馬上就在臉書養蜂版上流傳，也有蜂友甚至不懂養蜂者買進使用。然而，中國山寨版其實也不過是「澳洲父子山寨他人」的山寨品。此話怎說？讀者只要上網搜尋美國專利號 United States Patent US2223561，就可發現西班牙人 J.B. Garriga 早在1939 年 8 月 8 日就申請過以〈Beehive〉為名的專利（1940年 12 月 3 日獲得專利），根據其設計圖看來，現今的自流蜜蜂箱與此原創幾乎如出一轍，基本上只是細節改進。因此，把這對澳洲父子視為不世出的天才（網路文章說發明者智商至少有 185 以上），除了無知，對於原創也欠尊重。另外，這自流蜜蜂箱價格高昂，且根據網路上的視頻，製作公差頗大──組合有困難，需自己細部磨合。目前看來，此蜂箱唯一適宜的用途，就是由蜜商或蜂農買回去放在「蜜蜂生態館」或是店鋪前，當作招徠遊客的噱頭。

自來蜜蜂箱。以隨附的 L 型把手轉開塑膠蜂框的機制，將塑膠蜂房上下錯開讓蜂蜜流出。對於不懂養蜂者，這看似神奇的蜂箱一樣無法永續使用。

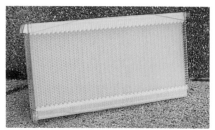

自來蜜蜂箱的設計重心：可以上下錯開每個蜂房的塑膠蜂巢。錯開機制在左上角，左下角可以接管讓蜜流出。

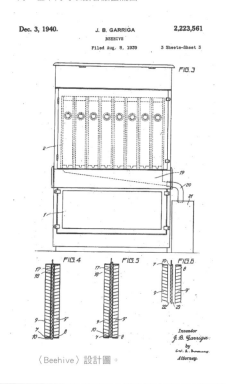

〈Beehive〉設計圖。

瓦黑蜂箱（Warré Hive）

　　既然自來蜜蜂箱不適合完全不懂養蜂與蜜蜂生態的城市養蜂新手，那麼除了標準的郎式蜂箱外，是否有更佳選擇？有的。歐美強調「自然養蜂」（Natural beekeeping）的信徒愛用的瓦黑蜂箱在筆者眼中，就相當適合業餘養蜂或城市養蜂。

　　瓦黑蜂箱是由法國神父艾米爾・瓦黑（Abbé Émile Warré，1867-1951）在研究了 300 種形制的蜂箱以及深入研究蜜蜂自然生態後所發明的，當初目的在於提供一個管理簡便、造價便宜、不須購買專業蜂具、不需具備高深專業知識（相對而言）、能快速上手的蜂箱；由於是為了一般人民、老百姓而設計，故瓦黑蜂箱又被稱為「老百姓蜂箱」（People's Hive）。瓦黑神父著作相當多，最重要的一本即是《人人養蜂學》（L'Apiculture Pour Tous），書裡詳細闡述了其養蜂哲學與蜂箱設計。

　　其實瓦黑蜂箱與中式直立型蜂箱（裏頭放置木十字以穩固蜂巢），以及日式重箱（裏頭綁鐵絲以穩固蜂巢）在概念上相似，但又比這兩種亞洲傳統蜂箱更為實際好用，採蜜更乾淨俐落，也更容易觀察蜂群（箱背可設透明壓克力觀察窗）。瓦黑蜂箱也是多層式繼箱（但體積較郎式標準箱小了一半，更好操作），通常不放隔王版，故蜂后可垂直地在蜂箱內上下移動（雖然牠基本上待在下層產卵）。

　　重點是，瓦黑蜂箱使用上樑式蜂條（Top-bar），每層蜂箱可放置 8 條上樑（無框，與傳統四邊蜂框不同），不使用人工巢礎（故不必花錢買巢礎，不必花時間拉鐵絲以穩固巢礎，也因不會重複多年使用舊巢礎，較為乾淨不易染蜂病），由蜜蜂自行泌蠟築巢（工蜂可自行決定某蜂房大小是要培育工蜂或雄蜂用，後者體積較大；若製成蜂巢蜜，也不必擔心巢礎含石蠟或甚至是塑膠巢礎，吃下有害健康）。

法國史特拉斯堡市中心火車站附近天橋下的瓦黑蜂箱。

當蜜源充足時，天橋下的瓦黑蜂箱可以疊上好幾層。

瓦黑蜂箱使用上樑式蜂條，每層蜂箱可放 8 條上樑。

瓦黑蜂箱只有上梁，底部無框。

整個瓦黑蜂箱的設計就是擬仿野蜂在自然狀態下（如在樹幹築巢）的生長環境，蜜蜂受到的壓力較小，也比較不會生病，不過這兩點也與人為管理有關：會採用瓦黑蜂箱者多是業餘養蜂人，積極取蜜賣錢不是養殖重點，故多採取較為粗放粗養的型態，不會不時開蜂箱、像職業養蜂人把蜂框（四邊木框）快速拿高放低、左轉右旋地查蜂（上樑式蜂條也無法允許如此猛力操作，手勢不對則蜂巢會被折斷，與條樑分離；採用此法者多為定點養蜂）；採用瓦黑者，常常兩三星期才開箱巡蜂一次，故對蜜蜂干擾較少（相對施予較小的壓力），通常也僅取蜜自用，會留給蜜蜂足夠存糧，不餵（或少餵）糖水，畢竟糖水裏頭無花粉與礦物質，蜜蜂吃多會營養不良。少開箱，蜜蜂更易維持巢內溫、濕度（有助熟成蜂蜜，也易保持子脾成長所需溫度），且氣味不易散失（有助蜂群穩定）。

幾近完美封蓋的瓦黑蜂箱蜜脾，劃開上樑與蜜脾黏著的上端，即可將上樑放回繼續使用，讓蜜蜂造脾。

由於蜜蜂自然會把蜂蜜儲在上部的蜂巢，假設該落共有 6 箱左右，採蜜時只要動到最上面兩三箱即可，不會驚動到下面育幼的子脾（台灣慣用的平箱每次開箱，整箱蜜蜂皆受打擾）。把已經封蓋的蜜脾取出後，只要用小刀劃開上樑與蜜脾黏著的上端，即採獲不含人工巢礎的純天然蜂巢蜜。此蜜，可當蜂巢蜜直接吃，也可用小刀或叉子在蜜脾表面畫幾道，破壞蜜蓋（封蓋），再以手略為擠壓破壞蜂巢結構，將其置放於兩層孔隙大小不同的篩網粗濾後，待蜜因重力緩慢自然滴下，即可裝瓶。

在瓦黑蜂箱的蜜脾表面畫幾道，破壞蜜蓋，再以手擠壓破壞蜂巢結構，置於兩層孔隙大小不同的篩網粗濾後，待蜜滴下，即可裝瓶。

因為部分區塊的粉脾與蜜脾會相鄰摻混，加上經過擠壓，故蜂蠟的芳香物質會被部分釋出於蜜中，並且蜂蜜本來就儲存於天然蜂蠟裡（無摻石蠟巢礎，無塑料巢礎），也不經搖蜜機離心萃取（高速離心會使蜂蜜的芳香分子部分散失），以上因素皆讓採自瓦黑蜂箱的蜂蜜嘗來風味更為飽滿、複雜、真實與營養（含更多花粉粒，甚至少量蜂蠟與蜂膠粒子）。這種蜜，量少質精且味美，若上市，鐵定值得更高的賣價。

市府人員在史特拉斯堡運河便道旁撒下豆科、菊科植物種子，任其野長，好提供蜜蜂與獨居蜂類優良與充足的蜜源。

城市養蜂相關法規

以巴黎而言，在城裡養蜂沒太多法規管制，唯一要求是蜂箱距離鄰居的窗戶與陽台至少要有 5 公尺（因此基本上不可養在陽台）。法國每個地區關於城市養蜂的規定都不同，巴黎的「5 公尺法規」設於 1856 年，此後未曾更新，故至今仍適用。其實一個世紀前，巴黎市中心的業餘養蜂個體戶數量比今日還多。

場景拉回台北。據 2015 年 3 月報載，住台北市某公寓一樓的婦人在住家院子養了一箱義大利蜂，經鄰居檢舉，北投警分局認定蜜蜂會螫人，飛行方向難以控制，違反社維法「畜養危險動物，影響鄰居安全」的規定，將婦人函送士林地院簡易庭。但稍後法官判定，若不逗弄蜂巢應不至被攻擊，一些住戶也不知有人養蜂，蜜蜂應不算危險動物。法官指出，雖沒立法解釋哪些動物算「危險動物」，但應是指獅、虎、豹、蛇等，該婦人養蜂並不違法。事實上，據動保處說法，最常被檢舉傷人的動物是藏獒、比特犬，其次是鱷龜咬人的投訴。

城市蜂蜜與空汙

巴黎城市養蜂傳統其實已經超過百年，究竟在城市裡所收的蜂蜜有沒空汙，有沒有毒？我曾就此請教過巴黎多位蜜商與養蜂人，他們均說在所販售的「巴黎蜂蜜」裡測不到汙染物。

那台北呢？根據 2015 年 12 月〈健康醫療網〉的一篇報導指出，該研究採集當年 10 月從心路基金會與富邦文教基金會 11 樓的城市養蜂場取得的花粉約 4 百公克，進一步送至宜蘭大學及 SGS 檢測，結果發現 331 種農藥未檢出，而五大重金屬檢測中的砷、鉛、鉻、汞，只有檢出銅約 10.5ppm。心路基金會養蜂顧問暨德霖技術學院休閒系助理教授江敬晧指出，結果顯示，城市養蜂的花粉沒有農藥殘留疑慮，而檢出的微量銅元素其實是人體必需營養素，一日可攝取約 64ppm，體內銅含量過低還可能造成貧血，甚至出現生長及代謝問題。

城市非農業鄉鎮，不須灑農藥，即便有，蜜蜂碰藥即亡，基本上會死在外頭，無法回巢；蜜中若還能測到，僅是背景值，食用無憂（比較需要擔心的是果菜上的農藥）。也就是說，城市蜂蜜不但無農藥問題，空汙也可以忽略（蜜蜂某種程度上會過濾掉汙染源）。

筆者在 2013 年 8 月號《有機誌》雜誌讀到會誤導讀者的文章，在此提出以正視聽。該誌提到一蔘藥行老闆也是業餘蜂農，曾在台北市區養蜂，「……但是搖出來的蜂蜜卻沒有人敢喝……比正常樹花蜂蜜更深沉的顏色，沒有送驗都可以猜到是出自於漫天的車子廢氣，嚇得他趕緊將蜂箱搬回坪林。」筆者認為應該先看看在台北放蜂的季節周遭是否有許多白千層，因此樹是台北市主要蜜源（民權東路、明水路、國父紀念館與台大校園都為數眾多），所產蜜的色澤便是偏深褐色（某些地區甚至偏黑）。不要自己嚇自己，還污名化城市養蜂。

林地養蜂新趨勢

　　《台灣醒報》在2016年4月中一篇報導指出：「農委會首度嘗試在南投與嘉義林地養蜂，半年內竟產出1,600公斤蜂蜜。蜂農在19日的記者會中，展示瓊崖海棠、白千層蜂蜜及蓮華池原生闊葉樹種的蜂蜜，證明林地養蜂可創造經濟收益、生態功能、食品健康的三贏局面。農委會林試所森林保護組研究員趙榮台建議，應盡快擬定合理、嚴格的林地養蜂規範。」

　　筆者非常欣喜見到台灣除了龍眼蜜，現也出現來自中部山林的特殊風味蜜，該名蜂農的蜜（義大利蜂所採），筆者也幾乎全數嘗過，蜜質相當優秀。然而這並非台灣首次創舉，只因林地是與農委會租用，才有記者會與報導出現在主流媒體（聯合報也有報導）。事實上，北台灣（基隆、雙溪、五股一帶）養殖野蜂的業餘蜂農早在山林牧蜂多年，所採的森氏紅淡比蜂蜜、東北角森林蜜與略帶苦韻的鴨腳木蜂蜜，即便售價較高，仍早已成嗜蜜者的搶手貨。

法國阿爾薩斯下萊茵省 Breitenbach 村附近有機山谷裡的瓦黑蜂箱放置點，附近有不少酸櫻桃樹與栗子樹為主要蜜源。

臺灣最大蜂具供應商

所謂「工欲善其事，必先利其器」。目前台灣供應養蜂器具的廠商不只一家，但論歷史與規模，三宜還是許多蜂農的首選。創始人林先塗最早以金紙、米糧等小生意為生，因緣際會下於嘉義地區開始養蜂，並於1915年成立「直養蜂場」；第二代的林宜鐘在日本學習養蜂與蜂具製造技術後返台，於1950年成立「三宜養蜂場」；1963年，林宜鐘開始指導台灣蜂農生產蜂王乳，並回銷蜂王乳技術輸出國日本；

1975年，三宜設立蜂箱製作工廠；2012年，第四代的林厚吉成立「皇鶴貿易有限公司」，於嘉義市檜意森活村駐點，除銷售蜂產品，也供應和蜜蜂相關的多樣文創商品；2014年正式成立「三宜蜂業有限公司」。三宜是目前台灣最大養蜂器具供應商，舉凡養蜂所需的蜂刷、割蜜刀、起刮刀、蜂衣、蜂帽、手套、蜂箱、蜂框、巢礎、噴煙器與搖蜜機等皆有供應。

皇鶴貿易有限公司於嘉義市檜意森活村駐點，除銷售蜂產品也供應和蜜蜂相關的文創商品。

PART 5

其他蜂產品

■■■ 第十章　親探蜂與蜜的奧秘

兩千多年前的先人以為，蜂蜜是由蜜蜂直接採取花中蜜液天成，殊不知還需蜂兒咀嚼釀製始成，其中過程除了可藉由本書瞭解，還有一些可以親身體驗的管道，以進一步深入探蜜，口嘗與眼見這「蜜中有秘」的樂趣。

尋蜜去

　　要口嘗，還需先知何處尋蜜。臺灣超市裡廉價劣品充斥，甚至有贗品假蜜。試想一瓶台幣 200 元以下的蜂蜜裡頭有多少純貨？因此最好是向接受農業改良場輔導或加入養蜂產銷班的蜂農購買，如「台北希望廣場農民市集」（華山大草原），或是農產發表會常有蜂農自產自銷品質達一定水準的蜂產品，是買蜜不錯的去處。這些地方雖可買到真蜜，但幾乎全經過加溫濃縮。不過，蜂農並非每週都來，您不一定總可碰見相熟、習慣購買的蜂農。當然，也可電話訂購。

　　若想嘗鮮品啖來自臺灣甚是全球各地奇花異草所滋生的蜜味，就要倚靠蜂蜜專門店來提供多樣、高品質蜂蜜與相關諮詢的服務了。扣除自產自銷的簡單販蜜店，筆者曾在舊版《覓蜜》裡介紹過，以蜂蜜蛋糕起家的「一之鄉」所開設的「覓‧蜜蜂蜜專賣店」（台北新光三越），以及當初位於台北民生東路三段松青超市內由「蜜傳人」公司所開設的「神蜜小舖」專賣店，然而事過境遷，這兩家蜜鋪已停止營業。

　　日本「杉養蜂園」的蕎麥蜜筆者已在舊版介紹過，該公司後來在 2013 年進軍臺灣，於各大百貨公司設櫃，但主力似乎以「果汁調味蜂蜜」為主；調味蜜並非不好，但筆者不愛在蜜裡調入「原本該蜜源植物就能產的果汁」，如在蜂蜜裡調入柚子、藍莓、覆盆子與檸檬等果汁；相對地，像是「生薑蜂蜜漬」和「人蔘蜂蜜漬」就屬比較有特色的商品。杉養蜂園也提供北海道菩提樹蜜（即椴樹蜂蜜）、匈牙利金合歡蜜（即洋槐蜂蜜）、紐西蘭甘露蜜以及盒裝蜂巢蜜等，然而價格非常高，若不特別執著於日本品牌，可考慮百貨公司超市販售的類同商品。購買歐美國家蜂蜜的好處在於，他們不時興加溫濃縮蜂蜜。

花都好蜜鋪

　　巴黎花都世稱「美食之都」，當然也有幾家優質蜂蜜專賣店。舊版《覓蜜》裡介紹的蜂蜜專賣店「王室蜂箱」（Les Ruchers du Roy）已經歇業，以下介紹三家供讀者參考。

蜂蜜之家 La Maison du Miel

網　　址：maisondumiel.fr
地　　址：24 Rue Vignon Paris FRANCE

若要尋一家蜜種多、專業、親切的買蜜處，位於巴黎馬德蓮廣場（Place de la Madelaine）不遠的百年老店蜂蜜之家便是極選。此店創立於 1898 年，原來的店面有如古樸藥妝店，2006 年底改裝後顯得較為明亮寬敞，且更有溫暖甜馨的氛圍。店內地板上有一幅超過百年的「馬賽克拼貼蜜蜂圖騰」，成為發思古幽情的鎮店之寶，1984 年本店甚至被列為「巴黎市歷史遺產」。

本店原創始家族的加隆（Galland）先生因年事已高，故由另兩位股東暨經理人協助店面銷售與管理，其中一位經理朱利安・亨利（Julien Henry）指出，蜂蜜之家在二戰前就已開始進口殖民地所產的蜂蜜，以補充法國本土產蜜量之不足。此外，德軍佔領巴黎的二戰期間，嗜蜜的德軍會到店裡搜刮蜂蜜（就像他們在香檳區搜盜香檳歡飲一般），然而德軍卻渾然不知，店鋪底下正是法國反叛軍的秘密集會基地。蜂蜜之家自開店以來僅在戰爭期間關店暫休三星期，故此地早成巴黎人購買好蜜的殿堂。

本店最受法國人愛買的蜜分別是洋槐與栗樹蜂蜜，兩者風味差別極大，各自風味鮮明，後者適合喜愛強烈風味者。另一長銷經典是薰衣草蜂蜜，現下最流行的則是澳洲塔斯馬尼亞島的皮革木蜂蜜。本店蜜種多達五十幾種，特殊者如越南咖啡樹蜂蜜、羅馬尼亞胡荽蜂蜜、美國佛羅里達州白色紫樹蜂蜜、法國科西嘉島灌木林蜂蜜、義大利蘋果蜜、智利烏摩樹蜂蜜等所在多有；除了一般蜂產品，還有各式蜂蜜甜食（蜂蜜蛋糕、香料蜂蜜麵包、蜂蜜口味巧克力球等）、蜂蜜酒、蜂蜜啤酒、蜂蜜蘋果酒、相關美妝產品（如蜂蜜香皂），甚至用以擦拭木質地版的液狀蜂蠟都在販售之列。

蜂蜜之家以美味而多樣的蜂蜜聞名巴黎餐飲界，也常跟星級餐廳主廚合作，如 Le Meurice 旅館使用他家的樹莓蜂蜜與栗樹蜂蜜做菜，號稱「世界最佳甜點師傅」的伊曼紐爾・里昂（Emmanuel Ryon）也採用他家蜜品。本店算是蜂蜜界的專業蜜商（Négociant du miel），不僅對於生產、採購過程需要專精，也要能掌握全世界蜂蜜的風味特色，以協助主廚們炙菜（有點像侍「蜜」師的工作，當然目前這樣的職業並不存在）。

蜂蜜之家的馬賽克拼貼蜜蜂圖騰。

蜂蜜之家在 2006 年底改裝後顯得更有溫暖甜馨的氛圍。

本店自己擁有少數幾個蜂箱（採巴黎蜂蜜用），主要收蜜來源是向合作蜂農收購；隨當年蜂蜜收成的好壞，購入價格會有波動，蜜的價格也會隨之微幅調整。如 2014 年法國洋槐蜂蜜收成極低，蜜價因而上揚，2015 年分則是豐收大好年，蜜價也自然調降。若有競爭大廠也要搶同一來源的蜜，則蜂蜜之家會試著讓合作對象的蜂農感覺備受尊重，使他們覺得與本店合作不僅專業，還會受到媒體與主廚們讚賞，以穩固蜜源。

蜂群 Les Abeilles
網　　址：www.lesabeilles.biz
地　　址：21 Rue de la Butte-aux-Cailles Paris FRANCE

　　最具個性的專賣店要數「蜂群」。這家位於義大利廣場（Place d'Italie）的店家不僅賣蜂產品，也賣蜂箱、燻蜂器、蜂衣、蜂帽、蜂刷、蜂群與蜂后、Apiforme 蜜蜂營養補給液以及 Charme-Abeilles 誘蜂膏等設備與資材。老闆是年約 70 歲的尚賈克・夏克蒙戴斯（Jean-Jacques Schakmundés）先生，他年輕時是電影拍攝人員，隨時與動輒數十人以上的夥伴工作，久之甚感煩厭，便引退從事英語文學著作的翻譯。學會養蜂之後，一時曾兼兩職，半天養蜂半天翻譯。然而，這樣的獨立作業久了又感孤獨，便在 1993 年開了這家專賣店，能從事所愛，又可接觸人群，最好不過如此。

　　因販售養蜂器具，加上職業養蜂經驗，常有養蜂入門者登門購物和求教，他教學相長，樂此不疲。因上了年紀且常生病，夏克蒙戴斯自 2013 年起請友人菲利浦・伯替（Philippe Berthet）擔任店經理顧店，但爾偶還是會出現在店裡。他也以自有蜂箱擺放在盧森堡花園（Jardin du Luxembourg）與凱勒曼公園（Parc Kellermann）等處，採集巴黎四季蜂蜜，風味絕妙。「但不怕巴黎空氣污染嚴重？」「我的蜂蜜經過檢驗，不知何因，無任何污染殘留在蜜裡，蜜蜂的天賦本能吧！」。這倒是新鮮事，原來蜜蜂自有其生理過濾機制，要嘛不採，否則天然的成熟蜜絕對是自然的恩賜。

蜂群創始人夏克蒙戴斯先生與其蜂箱（歐洲黑蜂）

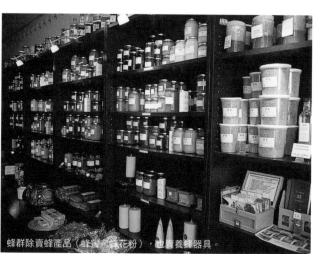

蜂群除賣蜂產品（蜂蜜、蜂花粉），也賣養蜂器具。

由於夏克蒙戴斯娶日本妻子，所以來此買蜜的日本人也不少；他的夫人還會幫忙製作蜜漬綜合果乾（Mandiant au miel）上架販售。本店自 2007 年開始增加進口蜂蜜的品項，目前約可提供四十種蜂蜜，除巴黎蜂蜜外，比較特殊的還有白阿福花蜂蜜（Miel d'asphodèle）、杏仁樹蜂蜜（Miel d'amandier）、蒲公英蜂蜜（Miel du pissenlit）、薄荷蜂蜜（Miel de menthe）與覆盆子蜂蜜（Miel du framboisier）等等。

馬利家族 Famille Mary

網　　址：www.famillemary.fr
地　　址：法國主要大城市皆有分店。

法國馬利家族的養蜂事業建立於 1921 年，現已傳到第三代，總部設於羅亞爾河西段的美麗河岸（Beau-Rivage）村，位於一 17 世紀古老水車磨坊旁。由於蜂產品事業經營得極為出色，包括總部旗艦店（設有蜂療 SPA 中心）在內，目前在法國共擁有 27 家蜂蜜連鎖專賣店（皆為直營店），設店數量法國第一。

各店常備蜜種通常在 35 至 40 種之間，種類不如前述的蜂蜜之家，但他們的專長其實是在各類衍生性保健蜂產品，種類之多令人目不暇給，如：有機蜂王乳膠囊、添加蜂王乳的蜂蜜、摻有蜂王乳、蜂蜜與檸檬精油的喉糖、養生安瓿液（Ampoule elixir；蜂蜜加 54 種有機植物萃取物）、祕魯馬卡與蜂王乳膠囊、三寶蜂蜜（有機蜂王乳、蜂膠與百里香蜂蜜）、護喉蜂膠液（蜂蜜、蜂膠、尤加利樹精油、紫錐花萃取物）、有機蜂膠護喉噴液（摻有蜂蜜、鼠尾草與黑醋栗萃取物）、蜂膠蜂蜜香皂、薑黃蜂膠膠囊、綠蜂膠蜂蜜露（摻有百里香精油）、添加柳樹蜂花粉的蜂蜜、甜橙精油蜂花粉以及蜂蜜護膚乳液（洋槐蜜、洋甘菊花露水）等等。

馬利家族應是歐洲最大蜜商，目前與 70 位蜂農契作收蜜，絕大部分蜂蜜也都源自歐洲，但本身在羅亞爾河即擁有 1,200 個蜂箱（分布在總部方圓 100 公里以內），也算法國規模較

馬利家族在法國各大城都設有直營店。

柳樹的花粉頗多，也被馬利家族拿來添加在蜂蜜裡成為特殊蜜品。

大的養蜂者之一（一般蜂農的經營規模約在 400 至 500 箱；許多業餘養蜂者僅有約 20 箱）。總部裡還設有小型實驗室，可檢測蜂蜜是否遭殺蟲劑或抗生素汙染、蜜中主要花粉種類與數量等，並與歐洲著名的檢驗公司 Intertek 合作，檢測蜂蜜真偽與品質。

馬利家族的蜂蜜皆採冷萃，也不經巴氏滅菌（Pasteurisé），故能保有完整風味與營養。店裡以全日空調控制恆濕、恆溫以保蜜質，乳脂蜜（Miel Cremeux）盡量保存在攝氏 14 度、濕度 70% 左右，液體蜂蜜則保存在攝氏 20 度。重點是「讓容易結晶的蜜保持結晶狀態」，「不易結晶的蜜保持液態」，若在兩種狀態之間轉化則易產生蜜相分離（見第五章），會減損蜂蜜保存期限。店裡較特殊少見的蜂蜜有橡樹甘露蜜、黑莓蜂蜜、百里香蜂蜜（具較強的抗氧化性）、藍莓蜂蜜與野生胡蘿蔔蜂蜜等。

了解蜂的奧秘

哈佛大學昆蟲學家暨兩度普立茲新聞獎的艾德華·威爾森（Edward O. Wilson），提出「生物趨性」（Biophilia）的觀點，認為人類生來有親近其他生物的特性，就像人類的伊始，身邊總有多樣動物圍繞共生，也因知覺其他物種的同在，我們感覺安全而愉悅，或許這也解釋了人們喜歡參觀動物園的原因。這個觀點的反面就是「生物懼性」（Biophobia），人類離開自然生物圈太遠，變得怕鼠輩、蟑螂、蛇蠍。過分的懼怕也為過度開發的政策解套，怪手所到之處，終結多樣性生物的棲地。

那麼，蜂蜜哪裡來？蜜蜂如何採蜜？要去除對蜂的恐懼與誤解，最好的療程就是走一趟蜜蜂生態館或是蜂蜜博物館，藉著親眼所見來了解其中奧秘，藉此也可讓消費者成為真正的「知蜜者」，從而促使蜂農更專注精進其產品，乃至「產」、「消」聯手，一同驅逐劣蜜。臺灣有少數幾位蜂農成立類似的生態館，但規模仍只是雛型。最有看頭的，要屬以下介紹的宜蘭「蜂采館」。另外，也推薦讀者一訪農委會苗栗改良場的「蜜蜂展示區」（苗栗縣公館鄉館南村 261 號）。

蜂采館
網　　址：bee-museum.com
地　　址：宜蘭縣員山鄉員山路二段 403 號

由宜蘭市農會的養蜂產銷班所成立的「養蜂人家」公司，在 2001 年於「綠色博覽會」設立蜜蜂展覽館，受到大獲好評後，便緊接著成立正式的蜜蜂生態館，取名「蜂采館」。蜂采館備有 20 分鐘的詳細蜜蜂生態影片，可讓遊客在短時間內認識蜜蜂的大致生態。接著導覽人員會帶領到戶外的生態蜂場，讓遊客親身近距離觀察蜜蜂。這裡不僅可看到一般蜂農飼養的黃金義大利蜂，尚可看到該館飼養的黑體中華蜜蜂（又稱「中蜂」或是「野蜂」）。藉

著說明，我們可知這兩種蜂類習性的不同，同時也可觀察到蜜蜂回巢時後腿上攜帶的花粉團、工蜂餵食蜂王乳給幼蟲、蜂兒跳舞指示蜜源植物方向等，饒富趣味與教育意義。

生態園中並設置一擬仿 200 年前臺灣所用的古老樹幹蜂箱，讓訪者了解過去的養蜂沿革。此外，販售部有幾款超市罕見的蜜種值得品試，如金棗蜜、翠米茶花冬蜜等。館內近年來還設立餐廳「Honey Café」，提供蜜汁咖哩嫩雞飯、蜂蜜水果鬆餅、蜂蜜鮮檸檬冰沙與蜂巢咖啡霜淇淋等，讓訪客體驗以蜜入菜的多樣變化。

蜂蜜博物館 Le Musée du Miel
網　　址：musee-du-miel.com
地　　址：Moure, 82120 Gramont FRANCE

若說到養蜂器具陳列與展示內容的多樣性，法國西南部的「蜂蜜博物館」是可以效法的模範。設於古樸農莊內的蜂蜜博物館位於法國酒鄉波爾多東南方約 1 小時車程，由一對養蜂夫婦成立，館主是埃米爾‧莫雷斯（Emile Molès）。所謂主題博物館，應對該主題有廣泛、性統性的收藏，且其典藏應是使用過的「真品」而非仿製品。

莫雷斯是養蜂第一代，剛開始只養 14 箱，現已增長到 1 千多箱（在法國算中大型規模），之後由兒子繼續接手經營。他養的是歐洲黑蜂，除自己收蜜收粉，也常將蜜蜂租給農夫協助授粉（出租價格是每箱 35 至 55 歐元）；依法國西南部季節順序而言，植物授粉的順序依次是李樹、奇異果、蘿蔔、洋蔥、香瓜（粉多蜜少），最後是向日葵。除了博物館，樓下店鋪也銷售各種蜂蜜、蜂膠產品、蜂蜜香皂、蜂蜜醋、蜂蜜酒與蜂蠟蠟燭等等。

蜂蜜博物館是法國最大的蜜蜂與蜂蜜主題博物館，除了 30 分鐘的短片（包括生態與蜂產品的研發與產製），還可參觀香料蜂蜜麵包（Pain d'épice）的製作流程、蜂蠟蠟燭 DIY 與生態觀蜂；此外，最難得是其耗費 20 多年光陰所蒐集的約 160 款世界各地形制、材料不同的傳統蜂箱、1650 年的古董蜜脾壓榨機、各種燻蜂器、老版畫、蜜蜂標誌古錢幣、蜂蜜罐老標籤、蜂蜜專賣店店招等等，且件件真品。其中來自非洲貝寧共和國的土窯式蜂箱，因體積龐大且笨重，旅途遙遠不便攜帶，只好先敲成碎片，回法國後再依樣巧手拼回，實在煞費苦心。漫步館內，從遠古至現代，我們見證了人類的獵蜜、養蜂史，因之得以活在養蜂歷史長流的「文本」裡，更深一步體會「蜜史」的傳承而倍受感動。

有些養蜂人會在蜂箱上放小石塊，以提醒自己已經進行過某種蜂群管理（如已查蜂、已餵過糖水等）。

1650 年的古董壓蜜機：將帶蜜的蜂巢放進中間木盒中，藉由旋緊左邊巨大的螺旋，便可施壓於蜜脾，使蜂蜜緩慢經旁側小孔流出，下面置盆接蜜即可。

19 世紀的法國壓蜜機，高於一般成人身高。

各種形制與材料的蜂箱：最下層右一的樹幹蜂箱是最古老的蜂箱形式、最上層右半邊幾個都是以麥稈和柳條編成的蜂箱（主要來自法國北部）、最下層右二的軟木塞樹幹蜂箱主要分布於地中海沿岸以及波爾多南部地區。第二層有些以柳條編成的蜂箱，還在外頭塗以泥土與牛糞以形成保溫層。

波蘭聖人安布羅斯人形蜂箱正面（左）及背面（右），右側有管道可讓蜜蜂穿牆外出採蜜。

（左）以龍舌蘭根部製成的摩洛哥蜂箱；（右）以蘆葦編成外塗泥巴的摩洛哥蜂箱；前面與旁邊的是陶製燻蜂器。

約西元前 380 年的希臘蜜蜂標誌錢幣。

西非馬利共和國的編織誘蜂背甕。

法國古時會將舊衣編捲起來，點燃後當作燻蜂工具；當時有些人還強調不能是女人用過的衣物，認為會對蜂產生危害。

到 1950 年代都還見使用的荷蘭天鵝頸造型蜂箱（下有兩小孔可讓蜜蜂出入）。

■■■ 第十一章　蜂產品面面觀

　　不論平地與山尖，無限風光盡被佔。採得百花成蜜後，為誰辛苦為誰甜。

這是唐朝詩人羅隱在《蜂》一詩中的觀蜂所感。的確，蜜蜂勞苦一生，而所釀甜蜜卻大多數為人們所用。其實，蜂產品不限於蜂蜜，尚有多款寶物可資利用。

　　從來源上說，蜂產品可分為三大類，一是蜜蜂的採集加工物，如蜂蜜、蜂花粉以及蜂膠；二是蜜蜂自身腺體的分泌物，如蜂王乳、蜂蠟以及蜂毒；三是蜜蜂生長發育的個體，如雄蜂蛹、蜂王幼蟲與成蜂體等。第三類主要屬少數族群飲食傳統，會在第十三章〈蜜食〉簡單談到。

HONEY 蜂蜜及衍生產品

◆ 加味蜂蜜

　　除了純蜂蜜之外，市面上也可尋到一些加味蜂蜜，如加入蜂產品的蜂蜜，像是花粉蜂蜜、蜂王乳蜂蜜、蜂膠蜂蜜；也有以添加果肉取勝的，如紅醋栗蜂蜜、沙棘果蜂蜜、覆盆子蜂蜜等；或是強調保健訴求，如麥蘆卡鹿茸蜜，或如日本流行的蜂蜜芝麻醬，脂濃芳甜，適合早餐塗抹麵包食用，比美式花生奶油醬口味更精緻也健康些。台灣還有將梔子花朵在蜂蜜未結晶前先添花浸漬，待蜜結晶再加以低溫攪拌的梔子花雪蜜，質地綿密，花香保留完整，相當誘人。另款推薦的加味蜜，是台南荷鄉公司的香水蓮花漬蜜（龍眼蜜底），蓮花噴香，芳美可口。

◆ 精油蜂蜜

　　加味蜜裡還有一個特殊品類，稱作「精油蜂蜜」，即是在蜂蜜裡頭加入植物精油，可治療或減輕一些身體不適症狀。據肯園芳療中心的芳療師指出，精油蜂蜜最具療效的配方是用來治療感冒與喉痛，芳療師的建議配方是將茶樹（tea tree）精油及馬鬱蘭（marjoram）精油滴入蜂蜜裡，尤其在感冒初期，療效頗佳；或者，將龍艾精油滴入蜂蜜也可治療打嗝。精油與蜂蜜的比例通常是每茶匙蜂蜜加一小滴精油，不過每種精油的安全滴量不同，最好還是與具有證照的芳療師諮商後，再行服用為佳。一般而言，芳療師並不會在蜂蜜種類上給予建議，讀者可參第七章〈一花一蜜〉，依照列舉的蜂蜜特點與口味，選擇合適的蜜種。

　　如果嫌麻煩，捷克品牌菠丹妮（Botanicus）倒是有 4 款調製好的精油蜂蜜可選：「快樂鼠尾草」、「葡萄柚」、「薄荷」以及「甜橙 & 玫瑰果」。筆者對鼠尾草的依戀無可救藥，它是摻入了快樂鼠尾草與藍桉尤加利的複方精油，口感綿滑，以鼠尾草香氛為主調，後以尤加利與橙皮尾韻完結，主在預防感冒與改善呼吸道過敏，精油含量適中，適合天天食用。

如愛泡澡，以 5 匙精油蜂蜜入溫熱浴水，洗來心曠神宜。另外，法國的馬利家族（Famille Mary）也推出以洋槐蜂蜜為基底的「鼠尾草精油蜂蜜」、「薰衣草精油蜂蜜」與「薄荷精油蜂蜜」，蜜質精純，值得一試。

　　說到泡澡，最佳趣味獎應頒給英國 LUSH 公司所出品的「小蜜蜂氣泡浴球」（Honey Bee），將澄黃果球丟入熱浴中，它便生發嘶鳴氣泡推進於水流中，東漂西竄如調皮蜂舞，增添沐浴樂趣。除了蜂蜜成分可滋潤肌膚，其內含佛手柑及甜橙精油也可淨除疲燥，讓人生意盎然。

◆ 美體芳香用品

　　菠丹妮的「蜂蜜檸檬手工皂」（Honey & Lemon Soap）造型吸睛，除上頭黏有巢礎，還沾黏幾朵洋甘菊，香氣奔放自然，放在浴室是芳香劑，洗在身上則能舒緩身心，是我近年愛用的產品。

義法風情的黑松露漬蜜

義大利廠商 Morra 產製的黑松露漬蜜，一開罐即滿室生香，木質、動物、蕈香和土壤氣息一股沖腦，頗為迷魅人心；因有百花蜜作定香中介，比起易逝的新鮮松露香來得持久許多。以風味較為中性的百花蜜浸泡，較易萃取純粹松露香（其尾韻的松露味可持續數分鐘）。除了浸泡松露刨片取香之外，應是額外加入松露香精，才得這般濃烈蕈菇氣，適宜直接小匙品嘗或與雜糧核果麵包共食。另一款法國 Miellerie des Clauses 養蜂場的松露蜂蜜，則是在 97% 的迷迭香蜂蜜裡刨入 3% 的黑松露，蕈味較 Morra 淺淡自然一些，或許是未額外添加香精之故。

以迷迭香蜂蜜為底的法國克羅塞斯蜜廠養蜂場松露蜂蜜。

健康新取向的沙棘果漬蜜

中國醫藥大學賴東淵教授整理沙棘果相關資料後指出，沙棘果在維護心血管系統上有許多功效，包括治療高血脂症、動脈硬化與心絞痛等；國外科學家研究還發現，沙棘提取劑有抗腫瘤作用；中國紅十字會醫院也採用沙棘籽油治療胃食道逆流。筆者則是在法國阿爾薩斯地區的農夫市集發現這罐沙棘果漬洋槐蜜，嘗來略有發酵酒釀的味道，頗為酸香可口，但沙棘果在浸漬後會釋出果酸，致使蜜質變稀，建議開瓶後放冰箱保存，搭優格應該非常可口。

這罐沙棘果漬洋槐蜜酸香可口，具保健功能。

紐西蘭著名的麥蘆卡蜂蜜在美容上的運用，當然不會缺席。除了當地美容專櫃、蜂蜜專賣店或甚至是奧克蘭機場裡的麥蘆卡美容現成品外，紐國北島的 Aqua Vida Spa 便推出獨家的「麥蘆卡蜂蜜療法」。在綠蔭成林垂柳小塘的中心裡，除較傳統的麥蘆卡敷臉美顏，負責人 David 研習穴道針灸多年，以麥蘆卡蜂蜜乳霜替訪客按摩全身之外，還能抓出經脈未通處予以疏導。隨後在南島住宿飯店裡，赫然發現浴室也供有麥蘆卡洗髮精與潤膚乳，真是如影隨形。此外，麥蘆卡蜂蜜敷料也是一理想的傷口復原治療劑。

如在泡澡與舒體療法之餘仍意猶未盡，那麼義大利的聖塔瑪莉亞諾維拉（Santa Maria Novella）研製有一款「蜂蜜古龍水」，純天然手工精作，不含人工香精，不標榜由香水大師巧弄千百香精的混調技術，就只一款清雅蜜味，穿香上身，讓您在眾香喧嘩中獨立一格。

BEE POLLEN 蜂花粉及衍生產品

蜂花粉，在此簡稱花粉，因為蜜蜂在採集過程中加進了少量的花蜜和唾液，因此在成分上比一般花粉更具營養素。花粉是被子植物的雄性生殖器官，相當於動物的精子，是生命之源，傳宗接代之本。花粉的蛋白質含量相當高，且含有人體必需之胺基酸、麩安酸；其礦物質含量相當豐富，卻只含少量的鈉，是高血壓患者的最佳低鈉營養品。此外，花粉也富含維生素 B 群、維生素 C 以及 β 胡蘿蔔素，為天然抗氧化食品。

事實上，《神農本草經》和歷代的本草藥籍都對花粉的藥用、食用功能多所記載，稱久服花粉可強身、益氣、延年，亦有駐顏美容、潤心肺、利小便、消淤血、除風以及改善性功能等功效。法國醫師亨利・賈佑（Henri Joyeux）在其著作《蜜蜂與外科醫師》（Les abeilles et le chirurgien）中指出，柳樹花粉富含葉黃素（lutein）、玉米黃素（zeaxanthin）與胡蘿蔔素（carotene），有益視網膜與水晶體的保健；歐石楠花粉則具豐富維生素 E、芸香苷與類黃酮，除可以增強血管壁，還可增進腸道收縮與蠕動，使排便順暢。此外，花粉也可提高耐力以及爆發力，在台灣賽鴿盛行的時代，許多鴿主便餵食賽鴿蜂花粉，提升其續行耐力。

◆ 食用產品

花粉粒的型態一般呈輻射對稱狀，有圓、有扁、橢圓、三角、四邊等形狀。顏色眾多，由淺至深皆有，一般為黃、淡黃、橘黃、淡綠、橙紅、淡褐和灰白色等。新鮮花粉清甜潤澤、有嚼感，不過消費者一般只能買到易於保存的乾燥花粉，滋味稍遜。台灣獨天得厚，生產獨特、具香脆、入口即化特性的埔鹽花粉（鹽膚木花粉），是筆者嘗過最美味的乾燥花粉，勝過許多國外產品。台灣尚有茶花粉（比較有農藥殘留問題，採收此粉需避開用藥週期）、蓮花粉、含羞草花粉等。當然，國外產品也不妨多加嘗試。在保存上，需注意乾燥、避開日光以及高溫，短期可放冰箱冷藏，若長期保存則放冷凍庫。

除了單獨食用外，其實可將花粉加入紅茶裡，或在打果汁、沖泡牛奶時添加，可增添特殊滋味與營養。一位法國友人焙製蘋果派技術高明，現在最喜歡做「花粉蘋果派」。不過使

用前需將乾燥花粉浸泡牛奶一刻鐘，使其軟化，否則直接將花粉灑在派皮上入烤箱，則花粉會更加乾縮變硬，難以入口。我曾在雲林斗南吃過花粉蛋糕，其色澤因胡蘿蔔素而呈橙黃色澤，口感鬆綿有熟美花果香，相當特別。

因花粉具有一層耐酸、耐鹼、耐腐蝕的堅硬外壁，學術界曾經認為，只有「破壁花粉」才能被人體吸收利用，市面上也因應出現破壁花粉商品。如今有多項研究表明，在胃酸和酶的雙重作用下，花粉的營養成分可通過花粉壁上的「萌發孔」及「萌發溝」滲透出來，花粉破壁後反而更容易受到汙染又不易保存。不過，因為皮膚不具消化能力，用以製作化妝品原料的花粉則必須經過破壁處理。

◆ 美容保養品

有研究指出，經常食用花粉對皮膚保健有卓著功效，在防止皮膚過敏、皮膚炎、粉刺、面皰上都有功效，這實在要歸功於花粉內被稱之為「美容維生素」的維生素 B2。聖塔瑪莉亞諾維拉公司也生產一款「蜂蜜花粉晚霜」（Crema al Polline），可使皮膚柔嫩青春，增強抵抗力。據愛打高爾夫球的女仕愛用者指出，如白天曝曬過度，只要睡前抹上這款花粉晚霜，則隔日便覺肌膚回復白皙彈性。

此鼠尾草精油蜂蜜還添加了天然鼠尾草葉片。

上頭黏有巢礎片的菠丹妮蜂蜜檸檬手工皂。

蜂箱入口處的花粉柵欄只容蜜蜂本身通過，後腿所攜的花粉團會被柵欄孔刮落，掉入下頭的花粉收集盒，由蜂農採收。

PROPOLIS 蜂膠及衍生產品

古羅馬作家大普林尼（Plinius Maior，23~79）在《博物誌》（Naturalis Historia）一書中指出，蜂膠是由蜜蜂採集自柳、桉、栗、松等樹的樹脂，並混入蜜蜂上顎腺分泌物和蜂蠟等加工而成。蜂膠成分眾多，其中含量很高的類黃酮是精華所在，然而不同膠源植物所含各類黃酮成分常有差異，約佔原膠塊 1% 至 4%。蜂膠中還有維生素 B1、B2、B6、C、E，以及微量元素如鐵、鉀、鈉、鎂、鉻、鈣、銅、錳、鈷等。蜂膠除可調節人體新陳代謝、增強免疫功能，還具抗氧化、抗炎、抗過敏、降血脂、治療皮膚病以及抗癌作用。

我與魏明珠藥師採訪蜂毒主題時，身旁有一位年約 35 歲的肝癌末期病人，因中西醫罔效，在同事介紹下前來求助魏藥師以蜂療法醫治。西醫診斷這名患者最多只能存活 6 個月，但魏藥師認為仍有藥救，建議他中西藥都不要再吃了，且開了食療方子：每日食用蛤蜊排骨蘆薈湯，蜂膠一日五食，且謹記散步、爬山、曬太陽，即可消除腫瘤救回一命。不過魏藥師也強調，肝臟細胞完整再生還要兩年，且仍要繼續接受化療及定時回醫院檢查。魏藥師的小弟幾年前也罹患同樣病症，在聽從醫囑大量食用蜂膠以及調養後，目前健康良好。

蜂膠以巴西製品在產量及品質上居冠，不過澳洲以及紐西蘭的產品也具風評。台灣綠蜂膠（5 至 8 月）則有很強的抗菌效果，還可促進神經細胞增生，不過蜂農少採，目前還屬實驗階段，僅見少量生產。此外，隨膠源、蜂種、採集時期以及地區之別，蜂膠的色澤與成分會存在差異。

◆ 蜂膠滴劑、噴劑及蜂膠蜂蜜

蜂膠的使用主要是以液體滴劑為主，一般以酒精萃取效果最佳，不過現在市面上已經出現以酒精萃取的無酒精蜂膠，作法是以酒精萃取蜂膠後，經過水浴加熱、減壓蒸發酒精，再經過冷凝，將酒精液體回收，以利循環萃取蜂膠。無酒精蜂膠適合對酒精過敏者使用，可減輕人體負擔。最新的無酒精萃取法是將二氧化碳加壓至「超臨界流體」（Supercritical fluid）狀態，當作溶劑來萃取蜂膠。

蜂膠的使用劑量一般以體重來衡量，即「10 公斤一滴」，換句話說，60 公斤體重成人每次可飲用 6 滴。如怕蜂膠味道不佳，可將蜂膠滴在蜂蜜水裡服用。蜂膠還有製成微酸微甜的喉部噴劑、無味易吞服的錠劑、膠囊，以及直接摻入蜂蜜裡的蜂膠蜂蜜。

◆ 蜂膠喉糖

紐西蘭康維它（Comvita）公司產製 3 款蜂膠喉糖，橘色原味、綠色薄荷、黃色檸檬，口味頗佳，讓怕膠味的大人、小孩可在吃糖同時攝取蜂膠，不過膠量不多，頂多是日常簡易保健。我個人喜歡的口味則較台式，即廖家蜂蜜所生產的「蜂本舖・蜂膠枇杷潤喉糖」，潤喉爽聲、生津化渴，口感清雅回甘，是我的常備品；近年廖家蜂蜜還推出「蜂膠草本潤喉糖」與「蜂膠金桔喉糖」，都值一試。

◆ 蜂膠牙膏

另一好物是蜂膠牙膏，同樣是紐西蘭康維它製品，經證明可減少牙菌斑、保持牙齦健康以及改善口腔衛生。這種口腔護理產品不添加氟化物、防腐劑、發泡劑及人造香料，僅添入茶樹精油，所以使用後口氣清新舒雅，不同於一般市售牙膏，相當值得一試。台灣現也產有「白人蜂膠牙膏」。

ROYAL JELLY 蜂王乳及衍生產品

蜂王乳亦稱「蜂王漿」或「蜂皇漿」，是工蜂分泌給蜂王（蜂后）食用的御用饌品。要達到人工生產蜂王乳的目的，須讓工蜂以為巢中缺王，使其緊急分泌王乳以餵食未來蜂后幼蟲。作法是在蜂箱中用隔王板將蜂群分為「有王區」與「無王區」，而後在無王區放置人工塑膠王台的王框，於每一塑膠單位的王台移入一孵化約 12 小時（一日齡）的雌性幼蟲，以誘使哺育工蜂吐出蜂王乳，在第三天以扁匙挑出，再經過濾即得新鮮王乳。台灣在四十年前是養蜂的極盛期，許多蜂農靠出口優質蜂王乳至日本起家，買車、買樓風光一時，不過目前蜂王乳價格只有當時的三分之一，蜂農大嘆時不我予。

蜂王乳為黃白色黏稠液體，口感略酸澀辛辣。維生素中泛酸（B5）與肌醇（B8）含量最高，礦物質則以鉀、鎂、鈉、鈣、鋅為主；脂類中則以 10- 羥基 -2 癸烯酸（10-HAD）含量達 50% 以上最為可貴，且因此天然不飽和脂肪酸在自然界僅存於蜂王乳中，彌足珍貴，也是鑑定蜂王乳品質的重要指標（臺灣國家標準規定必須含 1.6% 才合格；中國「優等品」標準則為 1.8%）。

◆ 藥用食品

綜合文獻可知食用蜂王乳有如下良效：迅速恢復體力、使皮膚光澤滑潤、促進腸胃暢通，增進食慾、降血糖、促進兒童生長發育，增強腦力、預防老年病和抗衰老等等。1954 年天主教宗皮奧十二世（Papa Pio XII）染疾臥床，體虛致使病情嚴重惡化生命垂危，幸而主治醫師以蜂王漿為藥帖，終使教宗轉危為安。1958 年召開的世界養蜂大會會議裡，教宗親赴盛會說明蜂王漿的奇效，當時歐洲各大報均以頭條報導，譽蜂王漿有延年益壽，起死回生之功。

蜂王漿含有大量蛋白質，需要存放冷凍庫否則極易腐壞。較簡易食用方法是摻入蜂蜜裡，美味又可以在室溫下保存無虞。大約每 100 公克蜂蜜摻兌 10 公克生鮮蜂王乳。若嫌麻煩，法國馬利家族賣有現成的「蜂王乳蜂蜜」（Miel & Gelée Royale）。

◆ 美容用品

目前已有廠商推出蜂王乳膠囊，方便服用，甚至混入月見草油，可幫助女性調整經前以及更年期身體對荷爾蒙改變的自然反應。此外，由於蜂王乳可使皮膚潤滑、潔白細膩，甚且消除細紋，所以在美容用品的應用上相當廣泛，如日常使用的蜂王乳香皂，有些還摻入花粉、杏桃

精油、蘆薈或蜂蜜以製成複方美容皂品，或是隨時可擦抹的蜂王乳潤膚霜、蜂王乳眼霜。

　　中國有繁多相關製品，如蜂王乳珍珠霜、蜂王乳雪花膏、特效去斑蜂王乳、蜂王乳檀香粉等。歐美國家的美容中心則利用蜂王乳美容油施以按摩，幫助維持乳房彈性、使其堅挺健美。

松樹是蜂膠主要來源植物之一。

紐國北島 Aqua Vida Spa 負責人 David 夫婦研習穴道針灸多年，以麥蘆卡蜂蜜乳霜替訪客按摩、疏理經脈。

巴西蜂膠原塊。

法國蜂膠原料。

採集蜂王乳前需先將幼蟲挑出。接著以木匙挑出新鮮蜂王乳。

BEESWAX 蜂蠟及衍生產品

蜂蠟又稱「蜜蠟」，為工蜂自蠟腺分泌用以築巢、封蜜蓋的脂肪性物質。純蜂蠟為白色，通常所見蜂蠟多為淡黃色、正黃甚或暗棕色，這是由於蜜蜂食入的花粉、蜂膠中的脂溶性胡蘿蔔素或其他色素所致；經過長時間使用的老蠟脾顏色轉黑，這是繭衣碎屑及蜂膠等在巢房內累積之結果。

蜂蠟是最古老的蜂產品之一，古希臘人和古羅馬人以蜂蠟祭神或製成虔誠的宗教物品。成書於 2000 年前的《神農本草經》將蜜蠟列為醫藥上品，認為其「味甘、微溫，主下痢膿血、補中……益氣、不飢耐老」。1800 多年前，醫聖張仲景在《金匱要略》中取蜂蠟組方「調氣飲」，能治「赤白痢」。

◆ 護膚美髮聖品

蜂蠟乳化後不僅與油互溶，還可使油與其它配料結合，因而成為化妝品普遍使用的原料之一。筆者近日愛用的美國 Gents & Lords 高級髮蠟就含有天然蜂蠟，用來氣味清雅，塑形力佳且不黏手，水洗即淨。據歐美報導，長期使用用蜂蠟製劑治療肌膚起皺，可獲得麗顏緊緻的效果。一般市面上常見的蜂蠟護膚產品以美國 Burt's Bees 產品最齊全，除其經典長銷品「蜂蠟護脣膏」之外，尚有「杏仁牛奶蜂蠟護手霜」、「蜂蠟晚霜」、「蜂蠟保濕隔離霜」等不一而足。Burt's Bees 的創辦人是被暱稱為「小蜜蜂爺爺」且曾到台東拜訪蜂農的伯特‧薛維茲（Burt Shavitz），不幸地，他已於 2015 年 6 月去世。

BEE VENOM 蜂毒

百年前，奧地利醫師菲利浦‧德許（Philip Tertsch）為風濕性關節炎所苦，偶被蜂螫後竟然痊癒，遂對蜂毒（apitoxin）研究產生極大興趣，且開始對風濕性關節炎病患進行蜂毒治療，並於 1888 年在《維也納醫學週刊》（Vienna Medical Press）發表蜂針療法應用於 173 位病患的臨床診治經驗，自此開創現代蜂毒療法的實踐風氣。

以天然蜂蠟壓製成的蠟燭與掛飾。

蜜蜂剛泌製的蜂蠟（蜂巢）為亮乳白色（右），用久後顏色轉深（左）。

經過水煮與過濾後的蜂蠟原塊。

蜂毒主要是指蜂類毒腺和副腺分泌的透明液體。毒腺的酸性分泌物儲存於毒囊中，一旦以螫刺發動攻擊，即與副腺的鹼性分泌物相混，由蜂針輸毒到敵方體內。雄蜂無毒腺，而蜂后的螫針主要用以對付其他處女王，故基本上蜂毒的採用都是針對工蜂而言。

工蜂的毒液數量與其日齡成正比——剛出房時很少，隨日齡增長逐漸增多。15 日齡時約有 0.3 毫克乾毒量，適合擔任守衛禦敵的工作；18 日齡後毒腺細胞逐漸退化，毒量不再增加；20 日齡以後停止分泌。蜂針療法使用的蜜蜂，通常選用 20 日齡以內的成年內勤工蜂，而不取 10 日齡以內的年輕蜜蜂。蜂毒的數量與成分也與蜂種相關，一般而言東方蜜蜂少於西方蜜蜂。

◆ 醫療用途

在實施蜂毒（或稱蜂針）療法之前，需對病患作進行試針（試敏），以測知該名病患是否適合接受此一療程。試針程序通常需要至少一個半月——每週一次，以小鑷子拔出蜜蜂尾部螫針後，刺入

阿爾布雷希特・杜勒（Albrecht Dürer）的〈Cupid the Honey Thief〉，1514。
小愛神嚷嚷被蜂螫痛，殊不知偶爾的蜂螫有益健康。

前臂內側皮膚，隨即拔出。如針刺紅腫面積超過直徑 5 公分，則該位病患不適合蜂針療法。

中華民國蜂針研究會（原台灣省蜂針研究會）前副會長魏明珠，除正職的藥師工作，仍是蜂針師，有許多病患上門求針。魏藥師表示，最古老的「活蜂螫刺」需用鑷子挾持蜂體進行，但此時蜜蜂感覺疼痛，其蜂毒揮發性物質便會快速消失，較無療效，故魏藥師以小鑷子將螫刺拔下，然後挾持螫針中段垂直刺入病痛部位或穴位，隨刺隨拔，針不離鑷，可連續刺療 8 至 10 個部位。此法痛感較輕微，易被病患接受。在臉部等較敏感部位使用一根蜂針連續快速輕刺 20 下以上，屬於「散刺法」。

「蜂毒可治風濕性關節炎以外病症？」「是呀！你想得到的幾乎都可以治！」魏藥師信心十足。「那憂鬱症也可？」「當然，憂鬱症是神經傳導問題，並非精神或心理病症，而蜂毒是神經毒，所以可治。」

筆者好奇再追問幾個流行病的可能針法：「如果是胃食道逆流，配合穴位要如何針療？」「可針膻中穴、上脘、中脘與下脘。」「那老年痴呆症？」「這時要針百會、風谷、風池與大椎穴。」「看 3C 產品用眼過度也行？」「當然可以，針對睛明、瞳子 以及迎香進行散刺即可。」魏藥師認為，目前蜂針療法無法對付的疾病，只有乾癬。

看來蜂針療法果然有極大的效用與尚未開發的治疾潛力，不過目前蜂針療法尚未納入台灣正式醫療體系，所以要體驗此療程，需要先行加入蜂針研究會成為會員才行。中國施行蜂針療法行之有年，早就被納入正式醫療系統，但多會配合中藥藥方治病，魏藥師僅純粹替人施針健體，認為絕大多數病況，蜂針足以。採訪當日便有位來自台中的賴先生，因業務操勞過度致使帶狀泡疹（皮蛇）上身，雖然後來皮膚水疱在幾周後結痂脫落，但神經疼痛依舊難耐，經人介紹接受魏藥師蜂針療法後，終於解決神經疼痛；賴先生還說，蜂針也治好他的眼睛飛蚊症，現仍每周來受針保健。

魏醫師同時指出：「市面上雖有將蜂毒加入蜂蜜裡食用的產品，但因胃酸的可能影響，其醫療效果尚難定論。」事實上，蜂毒在腸胃消化酶的作用下，很快就會失去活性，所以蜂毒不宜口服。乾燥的蜂毒穩定性強，即便加熱到攝氏 100 度，經過 10 天仍不會失去其生物活性，冷凍也不會對其造成影響，因此在密封且乾燥的情形下，蜂毒在常溫下能保持活性達數年之久。

最後提供一點親身經驗：筆者 2008 至 2012 年左右，痛風作祟，有時左腳踝會腫痛。這兩三年為改寫新版蜜蜂書，又開始訪蜂尋蜜，時而被蜂螫在所難免，然而這兩年我一點不忌口，含高普林的香菇、豆芽、豬肝、小魚干照吃不誤，痛風卻不再發作，猜想應是蜂毒相助。後來在賈佑的《蜜蜂與外科醫師》中讀到，原來查里大帝（Charlemagne，742 ～ 814）的御醫也是以蜂針療法來舒緩痛風之苦。原來，我真不是瞎猜！

蜂針師隨身攜帶看診用的蜜蜂診療盒與小鑷子。盒裡放置少許冰糖 蜂針師正在取用工蜂的螫針。
安撫蜜蜂。

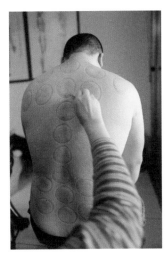

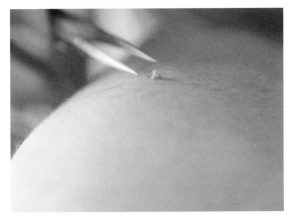

接受整脊與拔
罐後,正接受
蜂針療法的病
患。

蜂針師在手腕穴道處扎入蜂針。

■■■ 第十二章　天神的瓊漿：蜜酒

北宋文豪蘇軾（1037~1101）因謗新法被貶至黃州，其摯友四川武都山道士楊世昌不顧山險路遙，趕赴黃州探望蘇軾以解其鬱，見蘇軾自耕菜、茶、麥食用外，還養蜂取蜜，遂傳授蘇軾蜜酒釀帖，果然製出醇釀美酒。為感謝楊世昌，蘇軾寫下＜蜜酒歌＞，讚此酒：「不如春甕自生香，蜂為耕耘花作米。一日小沸魚吐沫，二日眩轉清光活。三日開甕香滿城，快瀉銀瓶不須撥。」

　　從「小沸魚吐沫」一詞可以了解，其蜜酒製法需經過加熱水煮。另從蘇軾的雜說史論《東坡志林》一書中「蜜酒法」可知，作法是先將糯米蒸熟，瀝乾水分，入酒麴和勻，置入酒罈，最後倒入蜜水。這應是中國文字上首次描述蜂蜜酒的製法。不過，中國歷史上並未對蜜酒賦予其它神話上、思想上與實際釀製技術上的累積。要探討純粹的蜂蜜酒，還是要從西方著手。

　　西方所謂的蜂蜜酒，英文稱之為「mead」，法文則是「hydromel」，古羅馬稱之「aqua mulsa」。從後兩者的字母組成可知，純粹的蜂蜜酒主要組成只有兩樣，即是水（hydro 或 aqua）以及蜂蜜（mel 或 mulsa）。也因組成單純，釀造上如技術不精熟，便失之毫釐，差之千里了。此外，依照英國中世紀傳統，人們會給予新婚夫婦一個月分量的蜂蜜酒飲用，以確保「做人成功」，也因此有「蜜月」（honeymoon）一詞出現。

　　筆者首次品嘗蜂蜜酒，是朋友從巴黎郊區購來的法國貨，嘗來單薄酸刻，雖朋友警示在先，不免皺眉：「難怪，現在沒人飲這東西了！」反倒是台灣部分蜂農自釀的龍眼蜜酒，雖然飲來不算深刻，至少有恬淡花香，口感柔和順當略甜，冰鎮來飲也解渴潤喉，但究竟不是什麼可大肆宣揚的好飲品。

紐西蘭南島蜜酒狂人哈繆

　　2006 年初春，筆者曾赴紐西蘭南、北兩島探蜜，聽聞南島基督城郊外有位哈繆（Havill）先生以釀蜂蜜酒聞名，便順道探探究竟。不過，附近蜂農都說他是狂人一個，釀蜜酒四十載，不太賣錢，還是照舊悶頭作酒。

　　由於基督城以北過於乾旱，黃禿一片長無好果，釀不出優質葡萄酒，在一位朋友建議下，哈繆開始蜂蜜酒釀製的研究。然而，蜜酒的釀法雖有古籍記載，但其實都是傳說、野史般的斷簡殘篇，哈繆說他有幾卡車的史料，浸淫幾十載才有目前的成就，並說市面上（尤其是美國貨）皆是加糖或是辛香料以遮掩酒質低劣的假貨，都不是正格蜂蜜酒。

　　採訪當日的輕便午宴便以哈繆的「白花三葉草蜜酒」（Clover mead）佐餐，此蜜酒清柔甜香，但略有不搭調的老陳怪味干擾。隨後，改以「麥蘆卡蜜酒」（Manuka mead）與「瑞塔蜜酒」（Rata mead）來品試。後兩款蜜酒在酒體上較為豐腴，層次與尾韻也較佳，與筆者先前的蜜酒品飲經驗相較，已是另一較高境界。麥蘆卡與瑞塔蜂蜜均是色深濃釀的蜜種，因此我當下暫得一結論——蜜酒的釀造最好選擇風味鮮明、口感直接濃烈的蜂蜜為上品。

蜂蜜酒，在釀製原理上並不複雜：先以水稀釋蜂蜜，然後加入酵母發酵即成。既然蜜酒的主角之一是水，那麼何種水？硬水、軟水？發酵溫度？是否使用橡木桶進行酒質培養？筆者以上種種提問，哈繆都含糊帶過，淨和我講些陳年的傳聞史料。除了看過他簡略的 DIY 酒窖，得知他並未以橡木桶進行酒精發酵或酒質培養，其它製作細節就不得而知了。

其實 40 年前的紐西蘭還是相對貧乏，蜜蜂由歐洲人引進該國也不過百來年，這個在歐洲流傳幾千年的蜂蜜酒，在歷史不到千年的紐國自然未留下多少傳統（當地葡萄酒文化的興起也不過是這近 30 年的事）。由於哈繆出身平凡，也少飲葡萄酒，自然不了解葡萄酒的釀造基礎，也未曾嘗過什麼一輩子難忘的美釀。我想他這幾十年的蜜酒自釀經驗，多半只是在解決「哪種蜂蜜易或不易發酵」、「哪種酵母的酵程最穩定」等基礎實驗。

於我來說，哈繆是癲狂的可愛老英雄，其蜜酒品質已相當好，但當下的葡萄酒熱潮使得廉宜美味的紅、白酒隨處可得，蜂蜜酒如只是以「附帶農產加工品」來看待，未在釀製上真正投入心力與金錢，也終將只是聊備一格的飲品罷了。

白花三葉草所產蜂蜜口味淡雅，較不適合製作蜂蜜酒。

眾神的美露

如同哈繆喜歡在典籍裡尋幽訪古，筆者自也有一些典故可說。史前獵蜜人（Honey hunter）在獵畢野生蜂蜜之後，席地而坐以葫蘆片杓挑蜜食用，隨後將杓子一丟，離帳再出發另一處獵蜜數天。期間，風雲變色，雨勢大作，及雨歇回到營地，見到杓裡承載了「蜜雨水」，取來便飲，沒想到令人醺然舒暢，自此開啟了蜂蜜酒釀製的紀元。

印度天神——蜜蜂的化身。 在許多國度的傳說或歷史裡，蜂蜜酒一直是眾神、聖人或國王的甘露聖飲。以印度來說，4,000 年前神話時代的《梨俱吠陀》（Rig Veda）讚歌詩集裡，指出其最重要的兩位天神克利希那（Krishna，也稱為「黑天」）和因陀羅（Indra）皆是「蜜中生」（Madhava），而其代表形象便是蜜蜂。既然蜂蜜在印度亞利安人的神話是主要元素，便也不難想像亞利安人認為神界中必存著一道蜜酒之泉，而眾神尋歡之際，捧飲此仙露便可臻極樂。

北歐神話——蜜酒為神力泉源。 往西方神祇探去，在挪威的古神話裡，北歐諸神之首奧丁（Odin）在遊戲人間、嬉弄天下子民疲累後，喜酌飲蜜酒以解疲消勞，同使也讓他獲得更大的神力。其子布拉吉（Bragi）為詩神，具有大智慧、雄辯滔滔之才，其文思泉湧之源即是蜜酒。相傳布拉吉舌上刻有北歐古文詩，在飲下「詩仙蜜酒」之後便誦詠詩文，也因而啟發人類的詩性舒發。

希臘蜜酒之神戴奧尼索斯。 希臘酒神戴奧尼索斯（Dionysos）被尊為葡萄酒之神，但實際上，早在此之前，他便已是蜂蜜酒之神了（蜜酒歷史悠遠，超過葡萄酒），奧林帕斯山眾神的最愛就是此味。希臘愛與美的女神阿芙蘿黛緹（Aphrodite）也愛飲此酒，後世希臘上流社會待嫁閨中的女孩便是供奉蜜酒，以祈愛神相助找到心中愛慕的美男子。

印度天神克利希那的代表形象便是蜜蜂。

南法蜜酒珍釀

法國當代著名人類學家克勞德‧李維史陀（Claude Lévi-Strauss）在《從蜂蜜到煙灰》的神話學著作裡指出，蜂蜜酒的發明顯現了人類從「自然跨至人文的過程」（Un passage de la nature à la culture），因為蜂蜜來自天然，但是蜂蜜酒的精釀即是人為的展現了。在法國南方覓蜜之旅中，我見識到此「人為」於優質蜂蜜酒釀造的必要性。法國與西班牙邊境的酒鄉寇比耶（Corbière）有一克羅塞斯蜜廠，精釀蜂蜜酒40年，其酒款是每年巴黎農產品總競賽中的獲獎常客，常常同時榮獲金、銀牌獎。

此蜜廠是由伊夫‧法柏（Yves Fabre）和夥伴米歇爾（Michel）所創，現兩人已退休，由之前的養蜂助手暨釀酒師羅宏‧波洛尼（Laurent Poloni）與妻子接手，目前共有5名員工。本蜜廠擁有600個蜂箱，算是中小型蜂業；法國規定，職業蜂農必須至少擁有400個蜂箱。羅宏每年約收1至1.2公噸蜂蜜，其中四分之一拿來釀酒。克羅塞斯蜜廠共產3款蜂蜜酒（酒精度都在14%左右），一款是不甜蜜酒（Hydromel sec）；一款是極受觀光客歡迎的甜味蜜酒（Hydromel doux）；第三款是果味甜蜜酒（Hydromel fruité），為釀造後浸漬苦橘皮而成，但因近年蜂蜜減產，此款已暫時停產。

後兩款甜味蜂蜜酒固好，但其不甜蜜酒才真正令我驚艷。嚐來有如風味繁複的質美雪莉酒（Jérèz），又若法國侏羅區黃酒（Vin jaune）或是法國家常浸漬核桃酒，氣味特殊，有香料、核果、蕈菇與焦糖美韻，加上微酸略甜，整體均衡優雅，從沒想到蜂蜜酒可以釀成如此可口。筆者曾攜此酒赴欣葉餐應用餐，與辛香濃烈的清宮段茄和香噴腴滑的花生豬腳相搭，真是天造地設的聯姻。

這3款蜜酒主要以味道獨特強烈的當地森林蜜（Miel de forêt）釀成，主要蜜源除栗樹、地中海灌木叢所開小花之外，還常含有部分橡樹甘露蜜（蚜蟲所分泌甜液，再由蜂蜜採集後釀造成蜜）。這印證了我先前認為色深味濃的蜂蜜適合釀酒的看法；否則酒色淺，味道薄。

由於本身的葡萄酒專業背景，當我提出釀酒細節問題，而紐西蘭的哈繆無法據理回答時，那麼品質上的差異便在所難免了，畢竟除了神話傳說之外，精確細心的釀酒紀錄與實驗結合自身對飲食的敏感度，才能成就一位偉大的釀酒師。這次來訪羅宏，我心中關於蜂蜜酒釀造的疑問業已解除大半──我認為是橡木桶立了大功，消除了年輕蜂蜜酒所帶有的不悅樹脂與酵母味。法國文豪大仲馬於1873年出版的《烹飪大辭典》（Le Grand Dictionnaire de Cuisine）裡提到，好的蜜酒味道神似雪莉酒，我想我終是找著蜂蜜酒的典範了。

此外，在1932年成立的波蘭蜂蜜廠阿皮斯（APIS Apiculture Cooperative）也有釀造蜂蜜酒的豐富經驗，繼輸出日本市場獲致成功後，曾將其多款蜜酒引進台灣。當地熱天時會將冰涼蜜酒滴入檸檬汁來飲，地凍天寒之際則飲溫熱蜜酒暖和身子。波蘭一般只釀甜味蜜酒，故較適合餐後飲用。

中世紀後，葡萄酒的釀造技術益發進步，貴族們紛紛改飲象徵世故風雅的紅、白葡萄酒，酙飲蜂蜜酒反而成為不入流的象徵，故宮庭裡的蜜酒釀造師傅紛紛告老還鄉；由於技藝不興，

蜜酒文化只有沒落。眾神之飲固然不同凡響，後人終究將其遺忘在時間的長河裡。

◆ 克羅塞斯的釀酒秘訣

　　多數蜂農都將蜂蜜賣給專業釀造商釀酒，與克羅塞斯自釀自銷非常不同。蜂蜜酒的主要成分就是水與蜜，但比例為何？釀酒師羅宏表示，不甜蜜酒需在水裡加入兩成蜂蜜，甜味蜜酒則為三成。在蜜中混調入涼水之前，他會先將蜂蜜加溫到攝氏 50 度以利蜜水混勻。製酒的用水，最好是以不含過多礦物質的軟水，當地水質偏硬（石灰岩質多），所以需要較長時間的酒質培養；似乎輕微含氯的水對蜜酒品質並無影響。

　　在蜜中加入涼水後，必須馬上攪拌融合，接著添入酵母與酵母營養劑（磷酸鹽等）以及微量二氧化硫。克羅塞斯使用的酵母是當地釀造班努斯酒精強化甜酒（Banyuls）的酵母粉（Laffort 牌 BO213 釀酒酵母）；由於天然蜂蜜糖分高且有抗菌性，所以必須選擇發酵能力強的菌株，羅宏還說：「釀造蜂蜜酒時，一般不用野生酵母，因為風險很大。」

　　隨後的發酵溫度在攝氏 25 至 28 度；依釀酒廠室溫不同，發酵時間長短也不同，約在 14 至 21 天之間。發酵後需靜置一個月待酒渣沉澱，隨後抽酒液至橡木桶培養，5 年後裝瓶；培養期中不去渣，以死酵母殘渣浸泡酒液增加風味。培養用的舊橡木桶（法國桶或美國桶皆可）先前已釀過白葡萄酒或干邑白蘭地，由於裝過紅酒的舊橡木桶會讓蜜酒顏色呈現怪異紅澤，所以不用。

　　如同無年分的香檳或干邑，為維持每年的酒質風格，他們會視情況增添老蜜酒來調和，以達成最佳品質與穩定的酒風。因桶儲培養期較長，每年約有 20％的酒液會蒸散於空氣中，即我們所稱的「天使那一份」——獻給天使與眾神歡飲了。

克羅塞斯蜜廠使用當地釀造班努斯酒精強化甜酒的酵母粉來發酵蜂蜜酒。

克羅塞斯蜜廠釀酒師羅宏·波洛尼與培養用的老橡木桶；他家蜜酒經 5 年桶中培養才裝瓶。

克羅塞斯蜜廠所釀的甜味蜜酒（左）及不甜蜜酒（右）。　克羅塞斯蜜廠不同年分的蜂蜜酒：（由左至右）1986、2003、2004、還在發酵階段的蜜酒。

【品酒筆記】克羅塞斯蜜廠干甜蜜酒 Miellerie des Clauses Hydromel sec

酒精度 14％，此酒在舊橡木桶培養五年後裝瓶。必須冰鎮後飲用，最佳適飲溫度約在攝氏 8 至 10 度。酒色金黃帶銅紅，聞有紅糖、烤栗子、煙燻、紅棗、蔘片、焦糖氣息，背景則有蕈菇與乾燥金針花氣韻。啖入，滑潤甘稠，實而不甜，具良好酸度，繼續衍生出紅糖與烤栗滋味，再探，生出甘草、洋甘菊與迷迭香氛圍，末尾以南法夏日蒸蘊在空氣中的迷迭香風味作結。

蒸蘊蜜之華

蜜酒除了釀造之外，尚有蒸餾一法——蒸除人間不潔，只留其香！

2006 年冬春之交，法國青年學子對「首次雇傭契約」（CPE）的抗議風潮愈演愈烈，眼看法國國勢漸頹，振興之日如同春神絆跤來得遲緩，灰冷得令人心寒，許多法國人不由得抱怨這該死低溫，老將溫度計上的水銀線壓至零度上下，我則奔波於波爾多各展場以及品酒會間，將數百支 2005 年分的新酒在唇舌間吐納與估量。衣著單薄，舟車勞頓，終於在最後一天，我病了。晚間，波爾多右岸產區的陸薩克堡（Château Lussac）酒莊設宴招待來訪國際媒體與專家，一擺十幾款，紅酒的單寧與白酒的酸度，在在令我喉部炙燒如煉獄。夜宿該莊，喉疾惱人，步入廚房欲索蜂蜜緩解喉痛卻不得。酒莊女主人只遞出一瓶消炎噴劑，唉！仍不濟事。

終至返台，馬上吞服一匙紐西蘭麥蘆卡蜂蜜，果不其然，喉頭暫時和順舒暢些。不過當晚鼻塞昏暈依舊，取出冰鎮的「42 Below 麥蘆卡蜂蜜伏特加」斟飲，竟得以通暢鼻竅，酒露甘滑醇和，也不刺喉，順喉滑下，暢快且回韻芳馨。此刻，葡萄酒的細美顯得多餘矯情，唯有精醇的蒸露能清喉、通鼻竅，甚且，即便病中還能嘗出酒中精魂。

麥蘆卡蜂蜜酒。

精純蒸香的麥蘆卡蜂蜜伏特加

Manuka（麥蘆卡）為毛利語，其植物學名為 Leptospermum Scoparium，是一高大灌木。由於毛利人以及庫克船長都以之沖泡為茶飲，當地又稱為「茶樹」（Tea tree），不過與我們熟知的茶樹並無關聯。此一由蜜蜂採取麥蘆卡花蜜釀成的蜂蜜，主要產於紐西蘭（澳洲南部有少量生產），有焦糖與松脂香氣盈鼻，置舌綿密柔融，還釋出有麥芽糖、龍眼乾況味。自從英國生化博士彼得・莫蘭（Peter Molan）帶領紐西蘭懷卡多大學（Waikato University）的研究小組證實，麥蘆卡蜂蜜具有較於其他蜂蜜更優且不易遭受破壞的抗菌性，麥蘆卡蜂蜜以及相關產品與服務便生機勃發，吸引全球嗜蜜者與注重養生人士的目光。

42 Below Manuka Vodka 之特出，首先在於用水：其製酒取水為赤道以下 42 度之處（即紐西蘭北島中部地區），是國際上測量水質與空氣純潔度的指標之一。毛利人登陸紐西蘭也不過近千年歷史，污染有限，且地處偏遠，實為世上最後一塊淨土，再加上水質偏軟，礦物質含量少，蒸餾出的酒質才得以精純甘美；42 Below 的泉水礦物質含量約為 30 ppm（法國沛綠雅礦泉水〔Perrier〕則為 595ppm）。

這款伏特加經過三次蒸餾後，口感淨純，再將麥蘆卡蜂蜜置於蒸盤上，蒸出氤氳之氣，遇冷凝結成「蜂蜜精華液」（Essence）。此蒸法如同法國香水工業 150 年前的作法──將水果或辛香料置於蒸爐上，以蒸氣逼出內涵，冷凝出最純淨的精華露。最後，再一道手續將蜂蜜精華液蒸融入伏特加之中，費時耗工，但成果斐然──酒香精煉飄逸，與東歐直接摻攪蜂蜜的傳統伏特加甜酒（如 Krupnik 或 Medos）大異其趣。

這款伏特加頗受酒吧調酒師們歡迎，也研創出多樣酒譜，但我堅持，冰凍純喝甚至不入冰塊是最佳飲法，如同舊俄、波蘭人的豪爽乾脆，才可飲出真性情──酒中的、人情裡的，而非沙發包廂裡的都會霓虹、電子爵士。如要搭餐，也有一絕，紐西蘭慣將麥蘆卡蜂蜜與迷迭香製成濃美醬汁，塗上羊腿燒烤或煎炙羊排，口味濃烈樸實，搭上冰凍沁涼的麥蘆卡伏特加，著實勁爽！

雲林蜜月露及宜蘭厚皮香蜜酒

台灣也有兩款蜜酒值得推介，一是雲林古坑蜜月酒坊的限量「蜜月露」，以龍眼蜜加水稀釋，輔以人工酵母發酵後蒸餾而成，置法國小橡木桶 3 年始成。有琥珀光，蜜香、焦糖香，濃烈辛美，每年 200 瓶的產量其實不多，但業主重心並不在此，賣不賣無所謂，故少人知曉。

另一妙品是宜蘭養蜂人家所經銷的「厚皮香蜜酒」，由神曲有限公司釀製，原料是厚皮香蜂蜜。此蜜源植物又被稱為「紅柴」，為台灣獨有的特殊蜜種。製程中特意將發酵蜜酒浸入多層次的穀麥中介質，待其吸收，再以此中介體行「固態蒸餾」，避免酒中精魂過快蒸餾飛散，而能在中介體中蒸蘊、凝香後，才緩緩上升冷凝成精華。厚皮香蜜酒芳香攝魂，此蜜應是所有台灣蜂蜜中最佳蒸餾酒原料。至於穀麥中介質的確實成分，屬商業機密，釀酒師無法透露。

如真要評比，只能說國產酒品的尾韻少了些敦厚甘潤，是取水的緣故吧！不過，這兩家

廠商都以 RO 逆滲透機除去水中雜質，也算極其用心，畢竟水質似不如人。口感精純度也因只作一次蒸餾而略遜些，不過就筆者試過的台製蜂蜜蒸餾酒來說，兩者極其優秀且價格廉宜，應予以鼓勵。或許來日市場成熟，台灣釀酒工業能投入更多資金，以精進這「蜂蜜生命之水」的酒質。

甘美暢飲——蜜啤當道

除了經典傳世的蜂蜜發酵酒與不退流行的蒸露蜜酒，目前最當紅的應是各式的蜂蜜啤酒。順此潮流，台灣啤酒公司也在 2015 年初夏推出蜂蜜啤酒，筆者趕鮮買來嘗試：風味極其普通，查看罐後背標，除了龍眼蜂蜜（想必很微量），也添加蜂蜜香料（猜想是龍眼蜜香精），一試未成主顧。

我在紐西蘭基督城的「扭曲啤酒花」（The Twisted Hop）酒吧裡喝到的甘露蜜啤酒（Honeydew beer），以清爽蜜香融混在極度綿密的酒沫裡，夏日飲來解渴沁心，兼養精蓄神；只要來一盤炸甘藷條佐薄荷蔬菜泥搭上甘露蜜啤酒，便可與友人閒磕牙，悠閒地消磨午後時光。這款啤酒以英國的 Maris Otter 大麥釀成，蜂蜜是在煮麥糖化之後、發酵之前加入，佔發酵糖分的 40%。蜜源有兩種：其一是黑色山毛櫸甘露蜜，其二是麥蘆卡蜂蜜；兩蜜風味皆強烈，尤以後者為甚，主要酌用來調整香氣。另一值得一試的甘露蜜啤酒是英國的 Fuller's Honeydew Organic Golden Ale，酒質比以往進步許多——氣泡細膩綿潤，以金桔與苦橙皮風味引人。

台灣釀得最好的蜂蜜啤酒來自「金色三麥」。特色是以德式工藝結合台灣龍眼蜜，釀出屬地特色的精釀啤酒。依背標的主要原料（水、大麥芽、小麥芽、龍眼蜜、酵母、啤酒花）看來，似乎未添加任何額外蜂蜜香精。此蜜啤於 2007 年推出後，經過逐年調整配方，於 2009 年一舉奪下日本啤酒大賽金賞獎，也大幅帶動整體業績上揚。之後又在 2012 至 2015 年連續獲得同一大賽的最佳人氣獎、橫濱市長獎，征服味蕾挑剔的日本愛啤人。更有甚者，2014 年首次參加有「啤酒界奧運會」之稱的世界啤酒大賽（World Beer Cup），即奪得蜂蜜啤酒類冠軍。

42 Below Manuka Vodka 製酒取水為赤道以下 42 度之處，水質純淨。

盛開的麥蘆卡潔白小花。

42 Below Manuka Vodka;前景是麥蘆卡枝條。

厚皮香又稱為「紅柴」,與也被叫作「紅柴」的台灣樹蘭是兩種不同植物。

【品酒筆記】金色三麥蜂蜜啤酒

酒精度 5%。金黃略有濁度,氣息迷人芬芳,以蜂蜜、洋甘菊、甘草與橙皮氣息為主。入口,蜜香鮮明而自然,口感甘潤綿柔雅致,泡沫極為豐富綿密,中後段變化較少,但尾韻甘美宜人,帶點洋甘菊花茶與苦橙皮氣韻;台灣所能尋得的最佳蜂蜜啤酒無誤。搭以炒牛蒡和日式玉米拉麵都不錯。

蜂蜜醋、蜂蜜酵素

法國蜂蜜醋偏酸,適合拌沙拉,也有較甜的蜜醋。早期台灣釀得較好的是宏基蜜蜂生態農場的「傳統蜂蜜醋」,呈琥珀色,口感潤滑豐腴,有蜜漬烏梅和澄黃熟美的楊桃果香,尾韻則帶有溫馨宜人的牛奶糖香氛,入冰塊加水飲來清心,小杯原醋酌飲也極具滋味,酸甜引人(胃腸與牙齒欠佳者請酌量)。該醋是以水將蜂蜜稀釋後,低溫發酵 40 天釀製成酒,然後以醋酸菌轉化成醋(醋化期間經 1 年靜置常溫發酵而成)。

近來,筆者的新歡是台灣北部青岩瓦舍農場的「有機梅子蜂蜜醋」,作法是先將蜂蜜釀成酒之後,以前一批甕中的醋酸膜當作酵頭,讓它發酵 1 年成醋,再泡入有機梅子,加入荔枝龍眼蜜,一年之後開甕,再斟酌加入蜂蜜調整酸甜風味,總共發酵培養 2 年才裝瓶,滋味酸甜可口,芳馨複雜,調成冰涼醋飲或以之涼拌沙拉皆合宜。

討我喜歡的還有新竹乾隆養蜂園的「蜂蜜青梅酵素」以及「蜂蜜檸檬酵素」。製法較簡單,就是將青梅與檸檬洗淨、風乾後(務必確認沒沾到一滴水),直接泡入蜜瓶中,以瓶蓋嚴封;通常使用百花蜜或是玉荷包蜂蜜。裝瓶之後的前 3 天每天搖瓶一次(將蜜與水果搖勻),之後置常溫待其緩慢發酵即可。冬天的室溫較低,裝瓶 2 星期後要再搖瓶幾次,以避免下面尚未發酵的蜂蜜結晶。依客戶喜好,養蜂園會將某些批次的蜂蜜酵素在封瓶幾個月後就釋出,但建議讀者購買至少封瓶 1 年以上的批次,風味來得深沉複雜許多。

紐西蘭基督城扭曲啤酒花酒吧裡的甘露蜜啤酒，飲來沁涼解渴。

■■■ 第十三章　蜜食

屈原在《楚辭‧招魂》說：「粔籹蜜餌，有餦餭些。」粔籹，指的是以蜂蜜混合米粉，慢揉細煎而成的甜酥油餅；餦餭則指一種蜜麻花，可見古人很早即懂得以蜜製食。

象頭神迦尼薩也愛吃

年幼貪食時，祖母都會教訓道：「這樣貪吃，莫非是『愛呷神』出世！」然而，真正的貪吃神倒讓我在尼泊爾給碰上了。

2006 年五月，尼國毛軍戰火稍歇的某日，我正在該國的帕坦博物館（Patan Museum）參觀，裡頭眾神古物羅列，最吸引我駐足再三的是幾尊迦尼薩（Gaṇeśa）神像，因為象頭人身，又稱「象頭神」，是印度教徒最喜愛的諸神之一。象頭神排紛解難，替信徒帶來歡樂，尼泊爾人無論是造屋、旅行或是寫作著書，都要祈求祂庇祐。筆者既撰文以營生，當要合掌一拜，突然發現這尊銅雕象頭神竟然手持一缽，裡頭盛裝丸狀美食，祂的象鼻正往缽裡探去。

出了博物館，經過一民宅莊院，門楣上鑲著磚製象頭神祇，而祂的長鼻已然捲起一丸子，正準備吞食入腹。連迦尼薩神都愛的美食，豈能錯失。找人一問，知道這好吃的甜味丸子名喚「拉杜司」（Ladoos），是以蜂蜜、鷹嘴豆粉以及杏仁製成，是人神共愛的日常美點，便連忙穿巷過弄找了家甜丸子店買兩粒來嘗，啖來芳美馨甜，口感濕糯有彈性，兩三下入肚，還覺餘味無窮。看來，不需象頭神賜福，只消嘗嘗拉杜司蜜丸子，我便已覺幸福滿溢。

醉人下馬的杜鵑毒蜜糕

古希臘史學家色諾芬在其《遠征記》（L'Anabase）記載，所帶領軍隊因誤食敵人所留的杜鵑蜂蜜毒蜜糕變得瘋狂急躁，甚至唉痛呻吟而落馬。不過，翌日卻紛紛恢復正常。

以上故事可見這世間不但有毒蜜存在，且被古人應用為生化戰的雛型。其實，除某些品種的杜鵑蜂蜜帶毒性外（如 Rhododendron Ponticum 品種），其他像美國卡羅來納茉莉（Carolina Jasmine）、紐西蘭與歐美國家都常見的黃莞花（Tansy ragwort）所產蜂蜜也都帶毒，但一般消費者不可能買到帶毒蜂蜜，倒是不必擔心，而且這都只是一時的中毒反應，未曾聽聞鬧出命。反之，有些蜜源植物的花蜜含生物鹼（alkaloid），蜜蜂體型較小，一旦多吃，即可能喪命。

尼泊爾杜鵑蜂蜜甜甜圈

尼泊爾深山的攀岩獵蜜人，其所採得的蜂蜜，主要蜜源便是高山杜鵑花，我曾生食該蜜，不覺有恙。據獵蜜老者說，該地杜鵑花色有四種，分別是紅、粉紅、白色與橘黃。當早春無雨多旱時，白花叢生，就可能產生有毒花蜜，至於多種花色杜鵑蜂蜜相混，其實食來無礙。如毒性較高，食後會產生「蜜醉」──頭暈、目眩與嘔吐的情形，但通常休息兩天就好了。

後來筆者曾在中國雲南省昆明市一家飯店吃過大白杜鵑花炒榨菜，因加了乾辣椒段下去炒，吃來非常醒胃下飯，也沒感覺不舒服。或許猛火快炒可去毒素？抑或是此白杜鵑品種與尼泊爾不同？反倒是當地的黃色杜鵑花有微毒，雲南人不吃。

觀罷尼泊爾深山岩壁獵蜜，我等一隊人馬便啟程返回村落。許是山林怪鳥先行飛告村人我們的回程，遠遠便見五村婦三女童提了竹籃，盛裝美食，在入村五公里處的參天大樹下巨石上設野宴相迎。除了尼國版本的威士忌「拉各西」（Raksi）以及咖哩黃豆炒小土豆之外，尚有以當地野生杜鵑蜂蜜為調料，以米粉製成的甜甜圈，叫作「賽樂」（Sel），吃來清爽芳甜有咬勁，可以是祭品，也是老少咸宜的零嘴。其實屈原《楚辭》裡的「粔籹蜜餌」，便是指蜂蜜混合米粉煎炸而成的環狀酥油餅，粔籹與賽樂，想必是古人心同此理的發明。

一蜜一器用

蜂蜜是種介於植物性與動物性、花蜜與蜂唾液的食品，綜合兩者之長，營養極為豐富，加以各地風土所帶進的繁複風味，實可為烹飪帶進多滋多采。蜂蜜相關食譜，坊間已有書籍可參考，不過大都是美容養生一路，展列各式菜譜以及飲譜，其中的料理邏輯未必仔細考量過。

如前面章節所述，蜜味千百種，不能綜納於一，而市面的蜂蜜食譜書卻從未指明，所應加入的蜂蜜是何種蜜源植物釀成的蜂蜜，是哪種味道，是怎樣的蜜色？國外有些書上，雖提到以不同蜜種入菜，但某種蜜與某種食材之間的邏輯關聯如何，是和諧相輔或是反差調味，也未見討論，這是未來專業蜂蜜食譜書可以努力的方向。

一般而言，若此食譜原來是建議加入白砂糖，那麼此時可代以蜜味較不奔放的蜜種，如洋槐蜜、荔枝蜜、白花三葉草蜜、水筆仔蜜或是杜鵑花蜂蜜；如果蜂蜜結晶難以利用，可以將蜂蜜置入微波爐中的「解凍」模式下，短短幾秒即可使其流質化。

若是該譜需要加入紅糖、黑糖之類，則風味雄厚強烈的蜜種最適合，如厚皮香蜂蜜、栗子樹蜂蜜、麥蘆卡蜂蜜、白花歐石楠蜂蜜、蕎麥蜜、樹梅蜂蜜、冷衫甘露蜜、山毛櫸甘露蜜、橡樹甘露蜜等等。紐西蘭的一道名菜即是麥蘆卡蜂蜜醬汁烤羊腿，此蜜有焦糖、松脂、木本、麥芽糖況味，混拌新鮮迷迭香成醬汁，塗佈在羊腿上燻烤，味美粗獷；用此蜜味羊腿搭飲麥蘆卡蜂蜜伏特加，則顯北方豪勁猛烈的風情，搭喝山毛櫸甘露蜜啤酒，則清冽颯爽，適合大口吃肉大口暢飲。

如果食譜著重香氣的展現，則當以馨香沁鼻的蜂蜜為佳，如薰衣草蜂蜜、柳橙蜂蜜、龍眼蜜、椴樹花蜂蜜、迷迭香蜂蜜、皮革木蜂蜜等。此時，最好是添入不需加熱煮製的甜點調味添香，免得風味蒸煮掉了。台灣茂盛蜂業的龍眼蜜冰淇淋，綿脂滑溜，冰透爽涼，極富天然蜜香，是蜂蜜加工品的好範本。

其實，台灣本土的糕點或零嘴裡頭，還有幾樣極其美味的蜜食，像是九份地區的金九蜂巢糕以及宜蘭的蜂蜜手工牛舌薄餅，而法國的蜂蜜橙醬鬆糕（Nonnette au Miel）或是歷史可溯及羅馬時代的香料蜂蜜麵包（Pain d'épices），都是蜜食經典。最後，農廳蜂業有限公司老闆黃

先生有一簡單容易上手龍眼蜜年糕食譜，在此與讀者分享：將褐色甜年糕切片，擺盤後淋上優質龍眼蜜，放入蒸籠或大同電鍋蒸軟後，趁熱享用（筆者建議淋上蜂蜜後，也可撒些乾燥花粉，添營養也增滋味）。

拉杜司蜜丸子。

尼泊爾首都加德滿都市中心的甜食小舖。

象頭神以美食讚頌良善，誰能拒絕拉杜司蜂蜜丸子的誘惑呢？

黃莞花所產的蜜帶些微毒性。此花含生物鹼，對人體毒性輕微，但馬匹與牛隻可能誤食而死。

（自左至右）蜂蜜餅乾、蜂蜜酒、蜂蜜橙醬鬆糕。

尼泊爾蜂蜜甜甜圈賽樂。

酪梨與酸度較高的蜂蜜（如森式紅淡比蜂蜜）極為合搭。

蜂蜜淋上烤地瓜，就是健康又飽足的早餐。

紅豆鹼粽（粳粽）很搭龍眼蜂蜜。

炸雄蜂蛹版的生菜蝦鬆，有細切的大湖水梨、鮮香菇、蕁薺與筍丁，是一道風味絕佳的蜂蛹料理。食譜設計：湖莓宴餐坊李俊生大廚。

鮮奶酪配檸檬樹蜂蜜與新鮮覆盆子極為美味。若用優格替代，我建議乳之初鮮奶優格、福樂頂級鮮奶優酪。是結晶蜜的最佳食用方法之一。

筆者的養生果菜汁早餐：栗子南瓜、硬柿、東方美人茶（取代開水）、蒜頭、橄欖油、西班牙鹽之花、薑黃粉、中國迪慶高原百花蜜，打成果汁即可；最後灑點江記華隆杏仁豬肉紙更添美味。

蜂蜜酪梨醬

這道「蜂蜜酪梨醬」做法極其簡單，不擅烹飪者也能上手。製好的醬除可以塗抹麵包、沾食墨西哥玉米脆片，也可將紅蘿蔔、小黃瓜、大蘆筍或美國芹菜切成長條狀沾食，甚至蘸著烤雞吃也很美味（此時蒜辣可放多一些）。因為酪梨口感脂腴，為讓蜜味可以突出，建議選擇味道較強烈的蜜種（如龍眼蜜、薰衣草蜂蜜等；圖中所示範的是緬甸的雨林蜂蜜）。

　材料：蜂蜜一大匙、酪梨半顆、紅辣椒半根（建議去籽）、大蒜3瓣、青蔥2根，
　　　　少許鹽之花。以上分量可依口味調整。
　作法：材料切碎後，放入調理機打成泥狀即可。滴入幾滴檸檬或萊姆汁可令口感清新。

蜂巢蜜新吃法

　食用蜂巢蜜的人較少，通常也僅是嚼一嚼，吸吮蜜汁後，就當吃完無味的口香糖，一吐為快。有些不含巢礎或使用天然巢礎的蜂巢蜜，在某些季節的蠟質其實薄脆易食，可以直接吞下，無礙健康。但有時又顯味如嚼蠟，吃來不太令人愉快。其實有其他更令人愉悅的食法，以下以塔斯馬尼亞皮革木蜂巢蜜（使用純天然薄型巢礎）舉兩例供讀者參考。

塗抹麵包。切一小塊蜂巢蜜，壓扁塗抹在預烤過的歐式鄉村麵包切片上，上面再塗抹一層義大利Ricotta起司，再切一小塊蜂巢蜜置於其上，上面可擺放幾根略帶苦韻的芝麻葉，或甚至新鮮藍莓等，除點綴美觀，也增添口感層次變化。選擇鄉村麵包是因其質地較粗獷，可讓蜂巢蠟質不被突顯，因此細綿柔軟的白吐司較不適用。

打成果汁。天然蜂蠟可食，《神農本草經》甚至將它列為醫藥上品（塑膠巢礎蜂巢蜜除外）。以巢蜜結合其他當季鮮果時蔬打成養生果汁，除健康甘美，還可讓果汁變稠、增加口感、去除部分蔬菜澀味，重點是毫無「味如咀蠟」之感。以圖例舉例：筆者先是在果汁機容器底層填裝切成碎塊的新鮮鳳梨，堆上半顆切塊的酪梨，撒上幾顆進口自美國的蔓越莓鮮果，放進兩小塊巢蜜，撒少許鹽之花，摻入一點蒜泥，加適量水，啟動果汁機將全部打碎成汁，即可享用。我在享用此巢蜜果汁之餘，還常搭點杏仁果或是夏威夷果，如此早餐既美味又健康。

蜂蜜料理要點

以下幾招實用建議，提供蜂蜜料理時參考：

⊕ 烤製糕餅時，可以等重的蜜取代糖，但是必須減少四分之一的液體食材分量，因為蜜中約有 20% 的水分。使用蜂蜜的糕餅，甜度會較以蔗糖烘焙的稍高，因蜜中的果糖甜度較蔗糖高，如需要可再略減蜂蜜分量。

⊕ 烘焙糕餅時，預設的烤箱溫度可調低約 15 度，因蜜中的果糖熔點較低，比蔗糖容易產生焦糖化現象。

⊕ 不同蜜種味道各異，一般而言，顏色愈深，味道愈重。

⊕ 有些蜂蜜帶有略微酸度，有需要可在烘焙時加入小蘇打粉調整味道。

⊕ 打發鮮奶油時加入一小茶匙的淡味蜂蜜，如此奶泡會顯得較堅實好看。

⊕ 如食譜裡需要加入酵母，最好使用口味溫和的蜂蜜，或等發酵完畢後再加蜜，因未經加熱處理的蜂蜜具良好抗菌性，有時會影響發酵程度。

⊕ 烘焙時加入蜂蜜，糕餅會顯得糯潤可口，不至過乾，且可拉長保鮮期。

⊕ 在平底鍋上直接加熱蜂蜜時，溫度不可太高，否則容易因高溫膨脹發泡速度過快。

⊕ 勿將蜂蜜儲存在廚房容易受熱的地方。請儲於陰涼不受日曬之處（野蜂蜂蜜建議放冰箱），兩年內食用完畢最佳。

⊕ 蜂蜜受熱後，其中對人體有益的酵素會遭破壞，若有此顧忌，請以不需加熱的方式調理（如製作醬汁、打果汁、最後添加調味等）。

煙燻豬肉的豬油脂薄切後，蘸味甜又帶微苦的栗樹蜂蜜，是北義特色菜。

蜜唧與蜜漬人

蜜唧：《中國食經》裡有道唐代嶺南名菜，將未開眼的鼠胎餵以蜂蜜一段時候，生猛蹦跳地入口，蜜鼠被筷子挾入口還唧唧叫嚷，因而稱之為「蜜唧」。

蜜漬人：李時珍《本草綱目》五十二卷＜人＞部＜木乃伊＞條，援引元朝陶宗儀《南村輟耕錄》說：「回回田地有年七、八十歲老人，自願捨身濟眾者，絕不飲食，惟澡身啖蜜。經月，便溺皆蜜。既死，國人殮以石棺，仍滿用蜜浸……俟百年啟封，則蜜劑也。凡人損折肢體，食匕許，立癒……俗稱蜜人，番言木乃伊。」美國作家羅曲（Mary Roach）在其著作《不過是具屍體》（Stiff）中也說明，在 12 世紀的阿拉伯市集中，如果熟門熟路，銀兩充裕，即可買到蜜漬人（Mellified Man）；蜜漬人的作法是將死人遺體浸漬在蜂蜜中，又稱「人體木乃伊蜜餞」，屬於口服用藥。就如李時珍所言，骨折之人若食蜜漬人，不日可痊癒。

木乃伊可透過浸泡蜂蜜來漬成。

品蜜 HONEY：Sommelier's Pursuit of Golden Nectar

從神話傳說、蜜蜂生態到蜂蜜文化、食蜜之道，一位侍酒師的蜂蜜追尋

作　　者　劉永智

攝　　影　劉永智

插　　畫　劉怡君

總 編 輯　王秀婷

責任編輯　向艷宇

行銷業務　黃明雪、陳彥儒

版　　權　向艷宇、張成慧

發 行 人　凃玉雲

出　　版　積木文化｜104 台北市民生東路二段 141 號 5 樓｜www.cubepress.com.tw｜電話：02-25007696｜傳真：02-25001953｜讀者服務信箱：service_cube@hmg.com.tw

發　　行　英屬蓋曼群島商家庭傳媒股份有限公司城邦分公司｜台北市民生東路二段 141 號 11 樓｜讀者服務專線：02-25007718~9｜傳真：02-25001990~1｜服務時間：一至五 9:30-12:00、13:30-17:00｜郵撥：19863813｜戶名：書虫股份有限公司｜城邦讀書花園 www.cite.com.tw

香港發行所　城邦（香港）出版集團有限公司｜香港灣仔駱克道 193 號東超商業中心 1 樓｜電話：852-25086231｜傳真：852-25789337

馬新發行所　城邦（馬新）出版集團 Cité (M) Sdn. Bhd｜41, Jalan Radin Anum, Bandar Baru Sri Petaling, 57000 Kuala Lumpur, Malaysia.｜電話：603-90563833｜傳真：603-90566622

封面設計　葉若蒂

內頁設計　許耀文

製版印刷　中原造像股份有限公司

感謝圖片提供 Photo Credits

Airborne-Peter BRAY　P.23 右下圖；P.24 左上圖。

余宣佑　P.42 右上圖。

Beeopic　P.162 右圖及左下圖。

Famille Mary　P.180 左上圖。

Comvita　P.195 左上圖。

城邦讀書花園
www.cite.com.tw

ISBN　978-986-459-018-6 ║ 售價　NT$499

2017 年 7 月初版 1 刷

國家圖書館出版品預行編目 (CIP) 資料

品蜜：從神話傳說、蜜蜂生態到蜂蜜文化、品蜜之道，一位侍酒師的蜂蜜追尋 / 劉永智作 . -- 初版 . -- 臺北市：積木文化出版：家庭傳媒城邦分公司發行 , 2017.07

面；　公分

ISBN 978-986-459-101-5(平裝)

1. 蜂蜜 2. 飲食風俗

437.837　　106009452